Rajdeep Singh
Kanwaljeet Singh
Chandan Deep Singh

Investigações dos parâmetros de processo envolvidos no FSW de alumínio

Rajdeep Singh
Kanwaljeet Singh
Chandan Deep Singh

Investigações dos parâmetros de processo envolvidos no FSW de alumínio

ScienciaScripts

Imprint
Any brand names and product names mentioned in this book are subject to trademark, brand or patent protection and are trademarks or registered trademarks of their respective holders. The use of brand names, product names, common names, trade names, product descriptions etc. even without a particular marking in this work is in no way to be construed to mean that such names may be regarded as unrestricted in respect of trademark and brand protection legislation and could thus be used by anyone.

Cover image: www.ingimage.com

This book is a translation from the original published under ISBN 978-620-2-19964-3.

Publisher:
Sciencia Scripts
is a trademark of
Dodo Books Indian Ocean Ltd. and OmniScriptum S.R.L publishing group

120 High Road, East Finchley, London, N2 9ED, United Kingdom
Str. Armeneasca 28/1, office 1, Chisinau MD-2012, Republic of Moldova, Europe
Printed at: see last page
ISBN: 978-620-8-06752-6

ÍNDICE

CAPÍTULO 1

INTRODUÇÃO

1.1 INTRODUÇÃO À SOLDADURA POR FRICÇÃO

A soldadura por fricção e agitação (FSW) é um processo de união em estado sólido (o metal não é fundido) que utiliza uma terceira ferramenta de corpo para unir duas superfícies opostas. É gerado calor entre a ferramenta e o material, o que leva a uma região muito macia perto da ferramenta FSW. Em seguida, a ferramenta mistura mecanicamente as duas peças de metal no local da junta e o metal amolecido (devido à temperatura elevada) pode ser unido através de pressão mecânica (aplicada pela ferramenta), tal como acontece com a junção de argila ou massa. É utilizado principalmente em **alumínio**, e mais frequentemente em alumínio extrudido (ligas não tratáveis termicamente), e em estruturas que necessitam de uma resistência de soldadura superior sem um tratamento térmico pós-soldadura. [1]

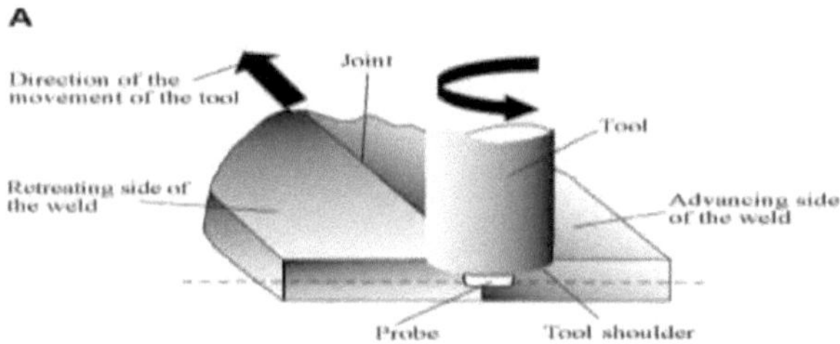

Fig. 1.1 Diagrama esquemático do processo FSW: (A) Duas peças metálicas discretas unidas, juntamente com a ferramenta (com uma sonda).

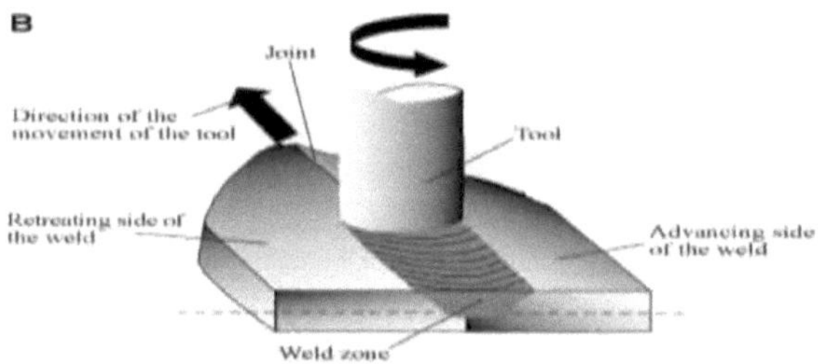

Fig. 1.2 O progresso da ferramenta através da junta, mostrando também a zona de soldadura e a região afetada pelo ombro da ferramenta.

1.2 PRINCÍPIO DE FUNCIONAMENTO As principais caraterísticas são mostradas na Fig. 1.3. Uma ferramenta rotativa é pressionada contra a superfície de duas chapas em contacto ou sobrepostas. O lado da soldadura para o qual a ferramenta rotativa se move na mesma direção que a direção de deslocação é normalmente conhecido como o "lado de avanço"; o outro lado, onde a rotação da ferramenta se opõe à direção de deslocação, é conhecido como o "lado de recuo". Uma caraterística importante da ferramenta é uma sonda (pino) que se projecta da base da ferramenta (o ombro), e tem um comprimento apenas marginalmente inferior à espessura da placa. É gerado calor por fricção, principalmente devido à elevada pressão normal e à ação de corte do ombro. A soldadura por fricção pode ser considerada como um processo de extrusão forçada sob a ação da ferramenta. O aquecimento por fricção provoca a formação de uma zona amolecida de material à volta da sonda. Este material amolecido não pode escapar, uma vez que é limitado pelo ombro da ferramenta. À medida que a ferramenta se desloca ao longo da linha de junta, o material é arrastado em torno da sonda da ferramenta entre o lado de recuo da ferramenta (onde o movimento local devido à rotação se opõe ao movimento de avanço) e o material não deformado circundante. O material extrudido é depositado para formar uma junta de fase sólida atrás da ferramenta. O processo é, por definição, assimétrico, uma vez que a maior parte do material deformado é extrudido para além do lado de recuo da ferramenta. O processo gera tensões e taxas de deformação muito elevadas, ambas substancialmente superiores às encontradas noutros processos de trabalho de metais em estado sólido (extrusão, laminagem, forjamento, *etc.*).

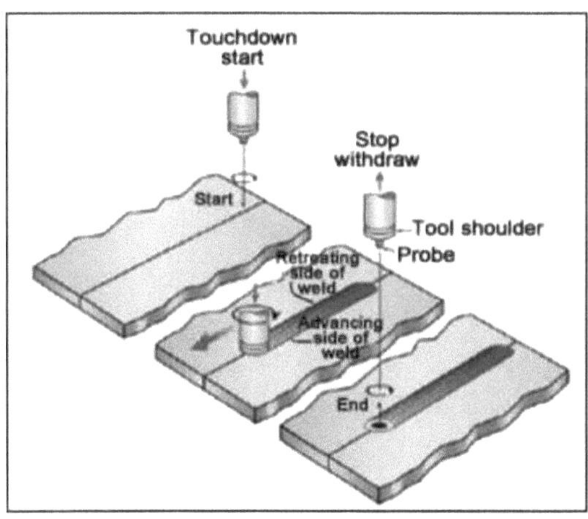

Fig. 1.3 Diagrama esquemático do processo FSW

A soldadura por fricção é, portanto, tanto um processo de deformação como um processo térmico, embora não haja fusão em massa. A temperatura máxima atingida é objeto de algum debate. As medições com termopares durante a soldadura por fricção de ligas de alumínio sugerem que, em geral, a temperatura se mantém abaixo de

500°C, estes valores devem ser tratados com algum cuidado, uma vez que a posição do termopar na pepita em movimento rápido pode ser difícil de determinar. As provas microestruturais parecem corroborar a conclusão baseada no termopar de que, a menos que sejam escolhidos parâmetros de processamento extremos, a temperatura máxima situa-se geralmente entre 425 e 500°C. Foi sugerido que a temperatura do material em contacto com o pino pode atingir a temperatura solidus, embora a validação experimental seja difícil devido à intensa deformação na interface. Há provas de fusão incipiente para algumas ligas de alumínio (*por exemplo,* 7010) para velocidades de soldadura rápidas. Também se pode argumentar que a temperatura de pico é inerentemente auto-limitada. A tensão de fluxo da peça de trabalho cairá rapidamente à medida que o solidus se aproxima, de modo que o aquecimento da pepita na interface ferramenta/peça de trabalho limita a geração de calor disponível, reduzindo o torque. [4-13]

Atualmente, o foco predominante do FSW tem sido a soldadura de ligas de alumínio. Para além disso, um trabalho considerável centrou-se na utilização do FSW para unir ligas de alumínio dissimilares. Além disso, o impulso constante para veículos leves tem sido largamente responsável pela investigação na junção de ligas de alumínio a outros metais, incluindo alumínio a magnésio, alumínio a compósitos de matriz metálica, alumínio a aço e alumínio a cobre. [14-25]

A presente análise limita-se principalmente à soldadura por fricção (FSW) de ligas de alumínio. Uma vez que o FSW é um processo de estado sólido, pode ser utilizado para unir todas as ligas de alumínio comuns, incluindo as séries 2xxx, 7xxx e 8xxx, que são normalmente difíceis ou impraticáveis de soldar por processos de fusão. Uma distinção fundamental é entre séries de ligas não tratáveis termicamente e tratáveis termicamente. Nas ligas endurecidas por trabalho (*por exemplo,* série 5xxx), o calor do processo de soldadura por fricção permite a recuperação térmica e a recristalização de subestruturas de deslocação, embora isto seja parcialmente contrariado na região intensamente deformada, onde são geradas novas estruturas de deslocação. Nas ligas endurecidas por envelhecimento, a soldadura será normalmente aquecida muito acima da temperatura de dissolução dos precipitados iniciais, permitindo a dissolução, a reprecipitação e o envelhecimento excessivo. As ligas de alumínio soldadas por fricção podem, por conseguinte, conter microestruturas que abrangem todo o espetro de temperaturas normais.

1.3 CARACTERÍSTICAS MICROESTRUTURAIS

A natureza de estado sólido do processo FSW, combinada com a sua ferramenta invulgar e natureza assimétrica, resulta numa **microestrutura** altamente caraterística. A microestrutura pode ser dividida nas seguintes zonas:

- A zona de agitação (também chamada de nugget, zona dinamicamente recristalizada) é uma região de material fortemente deformado que corresponde aproximadamente à localização do pino durante a soldadura. Os **grãos** dentro da zona de agitação são aproximadamente equiaxiais e muitas vezes uma ordem de grandeza menor do que os grãos no material de origem. [26] Uma caraterística única da zona de agitação é a ocorrência comum de vários anéis concêntricos que tem sido referida como uma estrutura de "anel de cebola". [27] A origem exacta destes anéis não foi ainda firmemente estabelecida, embora tenham sido sugeridas variações na densidade do número de partículas, na dimensão dos grãos e na textura.

- A zona dos braços de fluxo situa-se na superfície superior da soldadura e é constituída por material que é arrastado pelo ombro a partir do lado de recuo da soldadura, em torno da parte de trás da ferramenta, e depositado no lado de avanço.

- A zona termomecanicamente afetada (TMAZ) ocorre em ambos os lados da zona de agitação. Nesta região, a tensão e a temperatura são mais baixas e o efeito da soldadura na microestrutura é correspondentemente menor. Ao contrário da zona de agitação, a microestrutura é reconhecidamente a do material de origem, embora significativamente deformada e rodada. Embora o termo TMAZ se refira tecnicamente a toda a região deformada, é frequentemente utilizado para descrever qualquer região ainda não abrangida pelos termos zona de agitação e braço de fluxo.

- A **zona afetada pelo calor** (ZTA) é comum a todos os processos de soldadura. Esta região é submetida a um ciclo térmico mas não é deformada durante a soldadura. As temperaturas são mais baixas do que as da ZTA, mas podem ainda ter um efeito significativo se a microestrutura for termicamente instável. De facto, nas ligas de alumínio endurecidas por envelhecimento, esta região apresenta normalmente as propriedades mecânicas mais fracas. [28]

1.4 VANTAGENS E LIMITAÇÕES

A natureza de estado sólido da FSW conduz a várias vantagens em relação aos métodos de soldadura por fusão, uma vez que os problemas associados ao arrefecimento a partir da fase líquida são evitados. Questões como a porosidade, a redistribuição de soluto, a fissuração por solidificação e a fissuração por liquefação não surgem durante a FSW. Em geral, verificou-se que a FSW produz uma baixa concentração de defeitos e é muito tolerante a variações nos parâmetros e materiais.

No entanto, o FSW está associado a uma série de defeitos únicos. Temperaturas de soldadura insuficientes, devido a baixas velocidades de rotação ou altas velocidades transversais, por exemplo, significam que o material de soldadura é incapaz de acomodar a extensa deformação durante a soldadura. Isto pode resultar em defeitos longos, semelhantes a túneis, ao longo da soldadura, que podem ocorrer na superfície ou na subsuperfície. As baixas temperaturas podem também limitar a ação de forjamento da ferramenta, reduzindo assim a continuidade da ligação entre os materiais de cada lado da soldadura. O ligeiro contacto entre os materiais deu origem à designação "kissing- bond". Este defeito é particularmente preocupante, uma vez que é muito difícil de detetar através de métodos não destrutivos, como os ensaios de raios X ou ultra-sons. Se o pino não for suficientemente longo ou se a ferramenta se elevar para fora da chapa, a interface na parte inferior da soldadura pode não ser rompida e forjada pela ferramenta, resultando num defeito de falta de penetração. Este é essencialmente um entalhe no material que pode ser uma fonte potencial de fissuras de fadiga.

Foram identificadas várias **vantagens** do FSW em relação aos processos convencionais de soldadura por fusão: [29]

- Boas propriedades mecânicas no estado de soldadura

- Maior segurança devido à ausência de fumos tóxicos ou de salpicos de material fundido.

- Sem consumíveis - Um pino roscado feito de aço para ferramentas convencional, por exemplo, H13 endurecido, pode soldar

mais de 1 km de alumínio, e não é necessário qualquer enchimento ou proteção contra gases para o alumínio.

- Facilmente automatizado em máquinas de fresagem simples - custos de configuração mais baixos e menos formação.

- Pode funcionar em todas as posições (horizontal, vertical, etc.), uma vez que não existe poça de soldadura.

- Geralmente, o aspeto da soldadura é bom e a correspondência entre a espessura inferior e superior é mínima, reduzindo assim a necessidade de maquinação dispendiosa após a soldadura.

- Baixo impacto ambiental.

No entanto, foram identificadas algumas **desvantagens** do processo:

- O orifício de saída é sempre deixado quando a ferramenta é retirada.

- São necessárias grandes forças de descida com uma fixação de alta resistência para manter as placas juntas.

- Menos flexível do que os processos manuais e de arco (dificuldades com variações de espessura e soldaduras não lineares).

- Taxa de deslocação frequentemente mais lenta do que algumas técnicas de soldadura por fusão, embora isto possa ser compensado se forem necessários menos passes de soldadura.

1.5 PARÂMETROS DE SOLDADURA IMPORTANTES

1.5.1 CONCEPÇÃO DA FERRAMENTA

A conceção da ferramenta é um fator crítico, uma vez que uma boa ferramenta pode melhorar tanto a qualidade da soldadura como a velocidade máxima de soldadura possível.

É desejável que o material da ferramenta seja suficientemente forte, resistente e durável à temperatura de soldadura. Além disso, deve ter uma boa resistência à oxidação e uma baixa condutividade térmica para minimizar a perda de calor e os danos térmicos na maquinaria mais a montante do sistema de transmissão. O aço para ferramentas trabalhado a quente, como o AISI H13, provou ser perfeitamente aceitável para a soldadura de ligas de alumínio com espessuras entre 0,5 e 50 mm, mas são necessários materiais para ferramentas mais avançados para aplicações mais exigentes, como compósitos de matriz metálica altamente abrasivos ou materiais com ponto de fusão mais elevado, como o aço ou o titânio[30-31].

Foi demonstrado que as melhorias no desenho das ferramentas causam melhorias substanciais na produtividade e na qualidade. A TWI desenvolveu ferramentas especificamente concebidas para aumentar a profundidade de penetração, aumentando assim a espessura das chapas que podem ser soldadas com sucesso. Um exemplo é o desenho "whorl" que utiliza um pino cónico com caraterísticas reentrantes ou uma rosca de passo variável para melhorar o fluxo descendente do material. Outros modelos incluem as séries Triflute e Trivex. O desenho Triflute tem um sistema complexo de três caneluras reentrantes cónicas e roscadas que parecem aumentar o movimento do material à volta da ferramenta. As ferramentas Trivex utilizam um pino mais simples, não cilíndrico, e verificou-se que reduzem as forças que actuam na ferramenta durante a soldadura.

A maioria das ferramentas tem um perfil de ombro côncavo que actua como um volume de escape para o material deslocado pela cavilha, evita que o material saia pelos lados do ombro e mantém a pressão para baixo e, consequentemente, uma boa forja do material atrás da ferramenta. A ferramenta Triflute utiliza um sistema alternativo com uma série de ranhuras concêntricas maquinadas na superfície que se destinam a produzir um movimento adicional do material nas camadas superiores da soldadura.

As aplicações comerciais generalizadas do processo de soldadura por fricção para aços e outras ligas duras, como as ligas de titânio, exigirão o desenvolvimento de ferramentas económicas e duradouras. A seleção de materiais, a conceção e o custo são considerações importantes na procura de ferramentas comercialmente úteis para a soldadura de materiais duros. Prosseguem os trabalhos para compreender melhor os efeitos da composição, estrutura, propriedades e geometria do material da ferramenta no seu desempenho, durabilidade e custo[32-33].

1.5.2 VELOCIDADES DE ROTAÇÃO E DE DESLOCAÇÃO DA FERRAMENTA

Há duas velocidades de ferramenta a considerar na soldadura por fricção e agitação: a velocidade a que a ferramenta roda e a velocidade a que atravessa a interface. Estes dois parâmetros têm uma importância considerável e devem ser escolhidos com cuidado para garantir um ciclo de soldadura bem sucedido e eficiente. A relação entre as velocidades de soldadura e a entrada de calor durante a soldadura é complexa mas, em geral, pode dizer-se que o aumento da velocidade de rotação ou a diminuição da velocidade de deslocação resultará numa soldadura mais quente. Para produzir uma soldadura bem sucedida, é necessário que o material que envolve a ferramenta esteja suficientemente quente para permitir o extenso fluxo de plástico necessário e minimizar as forças que actuam sobre a ferramenta. Se o material estiver demasiado frio, poderão existir vazios ou outras falhas na zona de agitação e, em casos extremos, a ferramenta poderá partir-se.

Por outro lado, uma entrada de calor excessivamente elevada pode ser prejudicial para as propriedades finais da soldadura. Teoricamente, isto pode mesmo resultar em defeitos devido à liquefação de fases de baixo ponto de fusão (semelhante à fissuração por liquefação em soldaduras por fusão). Estas exigências concorrentes conduzem ao conceito de uma "janela de processamento": a gama de parâmetros de processamento, nomeadamente a rotação da ferramenta e a velocidade de deslocação, que produzirá uma soldadura de boa qualidade [34]. [Dentro desta janela, a soldadura resultante terá uma entrada de calor suficientemente elevada para assegurar a plasticidade adequada do material, mas não tão elevada que as propriedades da soldadura sejam excessivamente deterioradas.

1.5.3 INCLINAÇÃO DA FERRAMENTA E PROFUNDIDADE DE IMERSÃO

A profundidade de imersão é definida como a profundidade do ponto mais baixo do ombro abaixo da superfície da chapa soldada e tem sido considerada um parâmetro crítico para garantir a qualidade da soldadura. O mergulho do ombro abaixo da superfície da chapa aumenta a pressão abaixo da ferramenta e ajuda a garantir a forja adequada do material na parte de trás da ferramenta[35]. A inclinação da ferramenta de 2 a 4 graus, de modo a que a parte de trás da ferramenta esteja mais baixa do que a parte da frente, ajuda este processo de forja. A profundidade do mergulho tem de ser corretamente definida, tanto para garantir a pressão descendente necessária como para assegurar que a ferramenta penetra totalmente na soldadura. Dadas as elevadas cargas exigidas, a máquina de soldar pode deflectir e, assim, reduzir a profundidade de mergulho em comparação com a definição nominal, o que pode resultar em falhas na soldadura. Por outro lado, uma profundidade de imersão excessiva pode resultar na fricção do pino na superfície da placa de suporte ou numa significativa subespessura da soldadura em comparação com o material de base. Foram desenvolvidas máquinas de soldar de carga variável para compensar automaticamente as mudanças no deslocamento da ferramenta, enquanto que a TWI demonstrou um sistema de rolos que mantém a posição da ferramenta acima da placa de soldadura.

1.6 FORÇAS DE SOLDADURA

Durante a soldadura, várias forças actuam sobre a ferramenta:

• É necessária uma força descendente para manter a posição da ferramenta na superfície do material ou abaixo dela. Algumas máquinas de soldar por fricção e agitação funcionam com controlo de carga, mas em muitos casos a posição vertical da ferramenta é pré-definida, pelo que a carga varia durante a soldadura.

• A força transversal actua paralelamente ao movimento da ferramenta e é positiva na direção transversal. Uma vez que esta força resulta da resistência do material ao movimento da ferramenta, é de esperar que esta força diminua à medida que a temperatura do material em torno da ferramenta aumenta.

• A força lateral pode atuar perpendicularmente à direção de deslocação da ferramenta e é aqui definida como positiva para o lado de avanço da soldadura.

• É necessário um binário para rodar a ferramenta, cuja quantidade dependerá da força descendente e do coeficiente de atrito (atrito de deslizamento) e/ou da resistência do fluxo do material na região circundante.

Para evitar a fratura da ferramenta e minimizar o desgaste excessivo da ferramenta e da maquinaria associada, o ciclo de soldadura é modificado de modo a que as forças que actuam sobre a ferramenta sejam tão baixas quanto possível e que sejam evitadas mudanças bruscas. Para encontrar a melhor combinação de parâmetros de soldadura, é provável que se tenha de chegar a um compromisso, uma vez que as condições que favorecem as forças baixas (por exemplo, elevada entrada de calor, baixas velocidades de deslocação) podem ser indesejáveis do ponto de vista da produtividade e das propriedades da soldadura.

1.7 FLUXO DE MATERIAL

O fluxo de metal e a geração de calor no material amolecido em torno da ferramenta são fundamentais para o processo de fricção. A deformação do material gera e redistribui o calor, produzindo o campo de temperatura na soldadura. Mas, uma vez que a tensão do fluxo de material é sensível à temperatura e à taxa de deformação, a distribuição do calor é ela própria regida pelos campos de deformação e de temperatura. Os primeiros trabalhos sobre o modo de fluxo de material em torno da ferramenta utilizaram inserções de uma liga diferente, que tinha um contraste diferente do material normal quando visto através de um microscópio, num esforço para determinar onde o material era movido à medida que a ferramenta passava. Os dados foram interpretados como representando uma forma de extrusão in-situ em que a ferramenta, a placa de suporte e o material de base frio formam a "câmara de extrusão" através da qual o material quente e plastificado é forçado. Neste modelo, a rotação da ferramenta retira pouco ou nenhum material à volta da frente do pino, em vez disso, o material parte da frente do pino e passa para baixo em ambos os lados. Depois de o material ter passado o pino, a pressão lateral exercida pela "matriz" força o material a unir-se novamente e a consolidação da união ocorre à medida que a parte posterior do ombro da ferramenta passa por cima e a grande força descendente forja o material.

Mais recentemente, foi avançada uma teoria alternativa que defende um movimento considerável do material em determinados locais. Esta teoria sustenta que algum material gira de facto em torno do pino, pelo menos durante uma rotação, e é este movimento do material que produz a estrutura "anel em forma de cebola" na zona de agitação. [3638] Os investigadores utilizaram uma combinação de inserções de tiras finas de cobre e uma técnica de "pino congelado", em que a ferramenta é rapidamente parada no local. Eles sugeriram que o movimento do material ocorre por dois processos:

1.   O material no lado frontal de avanço de uma soldadura entra numa zona que roda e avança com o pino. Este material estava muito deformado e desprende-se atrás da cavilha para formar caraterísticas em forma de arco quando visto de cima (ou seja, para baixo do eixo da ferramenta). Verificou-se que o cobre entrava na zona de rotação à volta da cavilha, onde se desfazia em fragmentos. Estes fragmentos só foram encontrados nas caraterísticas em forma de arco do material atrás da ferramenta.

2.   O material mais leve veio da parte da frente do pino que estava a recuar e foi arrastado para a parte de trás da ferramenta e preencheu os espaços entre os arcos do material lateral que estava a avançar. Este material não rodou em torno do pino e o nível mais baixo de deformação resultou num tamanho de grão maior.

A principal vantagem desta explicação é o facto de fornecer uma explicação plausível para a produção da estrutura em anel de cebola.

A técnica do marcador para a soldadura por fricção fornece dados sobre as posições inicial e final do marcador no material soldado. O fluxo de material é então reconstruído a partir destas posições. O campo detalhado do fluxo de material durante a soldadura por fricção também pode ser calculado a partir de considerações teóricas baseadas em princípios científicos fundamentais. Os cálculos do fluxo de material são utilizados regularmente em numerosas aplicações de engenharia. Os modelos abrangentes para o cálculo dos campos de fluxo de material também fornecem informações importantes, como a geometria da zona de agitação e o binário na ferramenta. As simulações numéricas mostraram a capacidade de prever corretamente os resultados das experiências com marcadores e a geometria da zona de agitação observada nas experiências de soldadura por fricção[39-41].

1.8 GERAÇÃO E FLUXO DE CALOR

Para qualquer processo de soldadura é, em geral, desejável aumentar a velocidade de deslocação e minimizar a entrada de calor, uma vez que isto aumentará a produtividade e possivelmente reduzirá o impacto da soldadura nas propriedades mecânicas da soldadura. Ao mesmo tempo, é necessário assegurar que a temperatura em torno da ferramenta é suficientemente elevada para permitir um fluxo adequado de material e evitar falhas ou danos na ferramenta.

Quando a velocidade de deslocação é aumentada, para uma dada entrada de calor, há menos tempo para o calor se conduzir à frente da ferramenta e os gradientes térmicos são maiores. A certa altura, a velocidade será tão elevada que o material à frente da ferramenta estará demasiado frio e a tensão de fluxo demasiado elevada para permitir um movimento adequado do material, resultando em falhas ou na fratura da ferramenta. Se a "zona quente" for demasiado grande, é possível aumentar a velocidade de deslocação e, consequentemente, a produtividade.

O ciclo de soldadura pode ser dividido em várias fases durante as quais o fluxo de calor e o perfil térmico serão diferentes:

• **Espera**. O material é pré-aquecido por uma ferramenta estacionária e rotativa para atingir uma temperatura suficiente antes da ferramenta para permitir a deslocação. Este período pode também incluir o mergulho da ferramenta na peça a trabalhar.

• **Aquecimento transitório.** Quando a ferramenta começa a mover-se, haverá um período transitório em que a produção de calor e a temperatura à volta da ferramenta se alterarão de forma complexa até se atingir um estado essencialmente estável.

• **Pseudo-estado estacionário**. Embora ocorram flutuações na geração de calor, o campo térmico em torno da ferramenta permanece efetivamente constante, pelo menos à escala macroscópica.

• **Pós-estado estacionário.** Perto do final da soldadura, o calor pode "refletir-se" a partir da extremidade da chapa, levando a um aquecimento adicional em torno da ferramenta.

A geração de calor durante a soldadura por fricção e agitação provém de duas fontes principais: fricção na superfície da ferramenta e a deformação do material à volta da ferramenta. Assume-se frequentemente que a geração de calor ocorre predominantemente sob o ombro, devido à sua maior área de superfície, e que é igual à potência necessária para superar as forças de contacto entre a ferramenta e a peça de trabalho. A condição de contacto sob o ombro pode ser descrita por atrito de deslizamento, utilizando um coeficiente de atrito μ e pressão interfacial P, ou atrito de colagem, baseado na resistência ao corte interfacial a uma temperatura e taxa de deformação adequadas. Foram desenvolvidas aproximações matemáticas para o calor total gerado pelo ombro da ferramenta Q_{total} utilizando os modelos de atrito de deslizamento e de aderência: [42-43]

$$Q_{\text{total}} = \frac{2}{3}\pi P \mu \omega \left(R^3_{\text{shoulder}} - R^3_{\text{pin}} \right)_{\text{(Sliding)}}$$

$$Q_{\text{total}} = \frac{2}{3}\pi \tau \omega \left(R^3_{\text{shoulder}} - R^3_{\text{pin}} \right)_{\text{(Sticking)}}$$

em que ω é a velocidade angular da ferramenta, $R_{shoulder}$ é o raio do ombro da ferramenta e R_{pin} o do pino. Foram propostas várias outras equações para ter em conta factores como a cavilha, mas a abordagem geral continua a ser a mesma.

Uma grande dificuldade na aplicação destas equações é a determinação de valores adequados para o coeficiente de atrito ou para a tensão de corte interfacial. As condições sob a ferramenta são extremas e muito difíceis de medir. Até à data, estes parâmetros têm sido utilizados como "parâmetros de ajuste", em que o modelo trabalha a partir de dados térmicos medidos para obter um campo térmico simulado razoável. Embora esta abordagem seja útil para criar modelos de processo para prever, por exemplo, tensões residuais, é menos útil para fornecer informações sobre o próprio processo.

1.9 APLICAÇÕES

O processo FSW está atualmente patenteado pela TWI na maioria dos países industrializados e licenciado para mais de 183 utilizadores. A soldadura por fricção e as suas variantes, a soldadura por pontos por fricção e o processamento por fricção, são utilizados nas seguintes aplicações industriais: construção naval e offshore, aeroespacial, automóvel, ferroviária, fabrico geral, robótica e computadores.

1.9.1 CONSTRUÇÃO NAVAL E OFFSHORE

Duas empresas escandinavas de extrusão de alumínio foram as primeiras a aplicar o FSW comercialmente no fabrico de painéis de congelação de peixe na Sapa em 1996, bem como painéis de convés e plataformas de aterragem de helicópteros na Marine Aluminium Aanensen, que posteriormente se fundiu com a Hydro Aluminium Maritime para se tornar na Hydro Marine Aluminium. Alguns destes painéis de congelação são atualmente produzidos pela Riftec e pela Bayards. Em 1997, foram produzidas soldaduras bidimensionais por fricção na secção de proa hidrodinamicamente alargada do casco do navio oceânico The Boss no Research Foundation Institute com a primeira máquina FSW portátil. O Super Liner Ogasawara da Mitsui Engineering and Shipbuilding é o maior navio soldado por fricção. O Sea Fighter da Nichols Bros e os Littoral Combat Ships da classe Freedom contêm painéis pré-fabricados pelos fabricantes de FSW Advanced Technology e Friction Stir Link, Inc., respetivamente. O barco de mísseis Houbeiclass tem contentores de lançamento de foguetes soldados por fricção do China Friction Stir Centre. O HMNZS Rotoiti, na Nova Zelândia, tem painéis FSW fabricados pela Donovans numa fresadora convertida. Várias empresas aplicam a soldadura por fricção em chapas de blindagem para navios de assalto anfíbios.

1.9.2 AEROSPAÇO

A United Launch Alliance aplica o processo FSW aos veículos de lançamento dispensáveis Delta II, Delta IV e Atlas V, tendo o primeiro destes veículos com um módulo da fase Inter soldado por fricção sido lançado em 1999. O processo é também utilizado para o tanque externo do vaivém espacial, para o Ares I e para o artigo de teste do veículo de tripulação Orion na NASA, bem como para os foguetões Falcon 1 e Falcon 9 na SpaceX. Os pregos para a rampa do avião de carga Boeing C-17 Globe master III fabricados pela Advanced Joining Technologies e as vigas de barreira de carga para o Boeing 747 Large Cargo Freighter foram as primeiras peças de aeronaves produzidas comercialmente. Os painéis do piso do avião militar Airbus A400M são agora fabricados pela PfalzFlugzeugwerke e a Embraer utilizou a soldadura por fricção para os jactos Legacy 450 e 500. A soldadura por fricção também é utilizada para os painéis da fuselagem do Airbus A380. A BROTJE-Automation utiliza a soldadura por fricção - para máquinas de produção de pórticos desenvolvidas para o sector aeroespacial, bem como para outras aplicações industriais.

1.9.3 AUTOMOTIVO

Os berços do motor em alumínio e os suportes da suspensão para o Lincoln Town Car esticado foram as primeiras peças automóveis que foram agitadas por fricção na Tower Automotive, que também utiliza o processo para o túnel do motor do Ford GT. Um spin-off desta empresa chama-se Friction Stir Link, Inc.. e explora com sucesso o processo FSW. No Japão, o processo FSW é aplicado a suportes de suspensão na Showa Denko e para unir chapas de alumínio a suportes de aço galvanizado para a tampa da bagageira do Mazda MX-5. A soldadura por pontos por fricção é utilizada com sucesso no capot (capô) e nas portas traseiras do Mazda RX-8 e na tampa da bagageira do Toyota Prius. As rodas são soldadas por fricção na Simmons Wheels, UT Alloy Works e Fundo. Os bancos traseiros da Volvo V70 são soldados por fricção na Sapa, os pistões HVAC na Halla Climate Control e os refrigeradores de recirculação de gases de escape na Pierburg. As peças em bruto soldadas à medida são soldadas por fricção para o Audi R8 na Riftec. A coluna B do Audi R8 Spider é soldada por fricção a partir de duas extrusões na Hammerer Aluminium Industries, na Áustria.

1.9.4 CAMINHOS-DE-FERRO

Desde 1997, os painéis de teto foram fabricados a partir de extrusões de alumínio na Hydro Marine Aluminium com uma máquina FSW personalizada de 25 m de comprimento, por exemplo Para os comboios DSB classe SA-SD da Alstom LHB Painéis laterais e de tejadilho curvos para os comboios da linha Victoria do metropolitano de Londres, painéis laterais para os comboios Electrostar da Bombardier no Grupo Sapa e painéis laterais para os comboios British Rail Classe 390 Pendolino da Alstom fabricados no Grupo Sapa Os comboios pendulares e expressos japoneses e os comboios British Rail Classe 395 são soldados por fricção pela Hitachi, enquanto a Kawasaki aplica a soldadura por pontos por fricção aos painéis de tejadilho e a Sumitomo Light Metal produz painéis de piso para o Shinkansen. Os inovadores painéis de piso FSW são fabricados pela Hammerer Aluminium Industries, na Áustria, para as carruagens de dois andares Stadler KISS, para obter uma altura interior de 2 m em ambos os pisos e para as novas carroçarias dos comboios suspensos de Wuppertal.

1.9.5 FABRICAÇÃO

Os painéis de fachada e as chapas de ânodo são soldados por fricção na AMAG e na Hammerer Aluminium Industries, incluindo soldaduras por fricção de cobre em alumínio. Os cortadores de carne da Bizerba, as unidades AVAC da Okolufter e os recipientes de vácuo de raios X da Siemens são soldados por fricção no Riftec. As válvulas e os recipientes de vácuo são fabricados por FSW em empresas japonesas e suíças. A soldadura por fricção é também utilizada para o encapsulamento de resíduos nucleares na SKB em recipientes de cobre com 50 mm de espessura. Vasos de pressão de 01m forjados semi-esféricos de liga de alumínio 2219 com 38,1mm de espessura na Advanced Joining Technologies e no Lawrence Livermore Nat Lab. O processamento por fricção é aplicado a hélices de navios na Friction Stir Link, Inc. e a facas de caça na Diamond Blade. A Bosch utiliza-o em Worcester para a produção de permutadores de calor.

1.10 DEFEITOS NAS SOLDADURAS POR FRICÇÃO

As falhas surgem na maioria dos processos de união de materiais. Por exemplo, na soldadura por arco de ligas de alumínio, a porosidade do metal de soldadura e, dependendo da liga em particular, a fissuração por solidificação do metal de soldadura e a fissuração por liquefação da ZTA estão entre os tipos de falhas mais comuns. A ocorrência destes problemas contribuiu para a opinião generalizada de que algumas ligas de alumínio, em particular algumas das ligas de elevada resistência das séries 2xxx e 7xxx, são difíceis, ou mesmo impossíveis, de soldar por fusão com êxito. Sendo um processo de união em estado sólido, o FSW evita os problemas de porosidade e de fissuração a quente[44-45].

Tabela 1.1 Tipos de falhas de soldadura por fricção com a sua causa e localização [46]

Tipo de defeito	Localização	Causa
Vazio	Lado que avança na extremidade da pepita	Baixa pressão de forjamento. Velocidade de soldadura demasiado elevada. As placas não estão suficientemente apertadas entre si. Abertura da junta demasiado grande.
Vazio Restos de linha de junção (soldadura topo a topo)	Sob a superfície superior da soldadura O nugget de soldadura, que se estende a partir da raiz da soldadura no ponto onde as placas originais se juntaram.	Velocidade de soldadura demasiado elevada Remoção inadequada do óxido dos bordos da chapa Rutura e dispersão inadequadas do óxido pela ferramenta.
Defeito de raiz	O rebordo de soldadura, que se estende desde a raiz da soldadura no ponto em que as chapas originais se juntaram	Pino da ferramenta demasiado curto. Profundidade de penetração incorrecta da ferramenta. Mau alinhamento da junta com a ferramenta.
Restos de linha de junção (soldadura por sobreposição)	Interface de placa	Remoção inadequada do óxido dos bordos da placa Rutura e dispersão inadequadas do óxido pela ferramenta.
Enganchamento (junta sobreposta)	Lado de avanço da soldadura, na região TMAZ não delimitada, estendendo-se normalmente para cima	Conceção ineficaz da ferramenta.
Desbaste de chapa (soldadura por sobreposição)	Lado de recuo da soldadura, na região TMAZ não delimitada.	Conceção ineficaz da ferramenta.

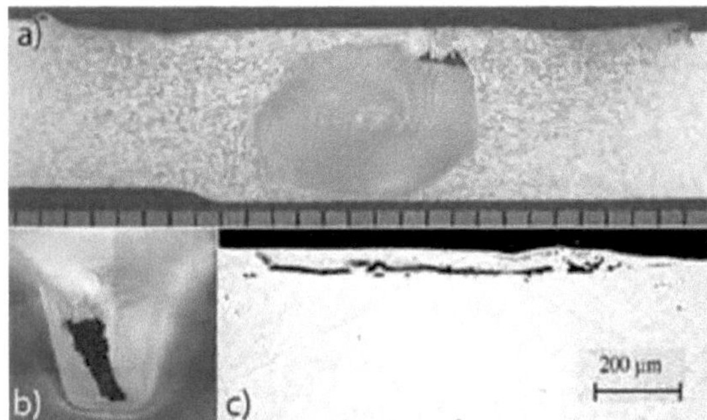

Fig. 1.4 Caraterísticas dos defeitos de vazio em soldaduras por fricção:

a) Falha volumétrica em 2014;

b) Defeito de túnel (buraco de minhoca) na base da ferramenta Trivex ao soldar 7449 a 120 rev min^{-1} /60 mm/min;

c) Defeito de superfície localizado sob o ombro em 2014A

CAPÍTULO 2

REVISÃO DA LITERATURA

Huseyin Uzun et al. [2005] avaliaram a união da liga dissimilar Al 6013-T4 ao aço inoxidável X5CrNi18-10 através da técnica de soldadura por fricção. Foram avaliadas as alterações de microdureza na zona de soldadura e as propriedades de fadiga das juntas de Al 6013-T4 e X5CrNi18-10. A transição da difusão de elementos entre a liga Al 6013-T4 e o aço inoxidável na zona de soldadura foi avaliada por análise EDX (um sistema de espetroscopia de raios X por dispersão de energia).

Para além disto, as soldaduras dissimilares exibiram sete regiões distintas. Aço inoxidável de origem Zona afetada pelo calor no aço inoxidável no lado de avanço da soldadura, zona afetada termomecanicamente no aço inoxidável no lado de avanço da soldadura, pepita de soldadura, TMAZ na liga de Al no lado de recuo da soldadura, HAZ na liga de Al no lado de recuo da soldadura, liga de Al de origem, Por outro lado, o valor da dureza no lado de recuo diminuiu acentuadamente em direção à pepita de soldadura a partir do nível da zona afetada termomecanicamente no aço inoxidável no lado de avanço da soldadura. Assim, a dureza da pepita de solda apresentou valores variáveis devido à presença de partículas finas ou grossas de aço inoxidável dispersas na pepita de solda. Os tempos de vida à fadiga das juntas de aço inoxidável Al6013-T4/ X5CrNi18-10 foram aproximadamente 30% inferiores aos do metal.

D.E.Esezobor et al. [2006] investigaram o comportamento de resistência da liga de alumínio 6063 mais de perto e avaliaram o efeito da temperatura e do tempo no comportamento de resistência. Neste trabalho, a liga de alumínio 6063 foi tratada termicamente em solução a várias temperaturas e tempos. Os resultados das avaliações da resistência à tração e da tenacidade à fratura foram investigados. Além disso, a experiência demonstrou que a liga de alumínio 6063 tratada em solução a 900°C, 1200°C e 1500°C atinge a resistência máxima à tração com um tempo de espera de 10 horas.

Para esclarecer ainda mais o facto que justificou este facto, a variação tensão-deformação a 900°C foi semelhante à deformação inferior 0<E<0,005. Para além disso, representou um caso semelhante a 900°C, mas para 6-10 horas de tempo de retenção, esta concordância estendeu-se à deformação na vizinhança de E<0,0011. Para além disso, para o tratamento de solução a 1500°C, o comportamento tensão-deformação teve uma concordância próxima à deformação 0<E<0,0010 para o tempo de retenção de 2, 6 e 20 horas. O estudo mostrou que o tratamento em solução da liga de alumínio 6063 a 1500°C durante 10 horas pode produzir um fluxo plástico significativo antes da fratura. O comportamento tensão-deformação da liga de alumínio 6063 foi o mesmo à tensão com a gama de 0<E<0,005 e foi independente do processo térmico adotado.

Barcellona et al. [2006] estudaram o fenómeno microestrutural que ocorre na soldadura por fricção de ligas de alumínio. Neste estudo foram tidas em conta duas ligas de alumínio, nomeadamente AA2024-T4 e AA7075-T6. As dimensões dos grãos e as densidades das partículas insolúveis foram investigadas tanto nos materiais de base como nas juntas. O AA 2024-T4 e o AA 7075-T6 foram tipicamente utilizados em aplicações aeronáuticas. Para este estudo, foi utilizada uma ferramenta não consumível com um diâmetro de pino cilíndrico igual a 3 mm e uma altura de pino de 2,80 mm.

Os parâmetros do processo foram fixados como velocidade de rotação da ferramenta (R): 1040rpm, velocidade de avanço da ferramenta (V): 104mm/min e ângulo de inclinação (Tilt): 2°, afundamento da ferramenta no corpo de prova durante o processo (ΔH): 2,90mm. Neste micro-dureza e testes de tração foram feitos. Os resultados mostram que foi observado um aumento de temperatura, mantendo o material considerado em estado sólido, mas atingindo o limiar de temperatura solúvel, a percentagem de partículas insolúveis diminui localmente devido à ação do pino da ferramenta, o fenómeno de recristalização ocorreu na Zona Agitada contrasta com o amolecimento do material devido à diminuição da densidade dos precipitados, foi observada uma diminuição não homogénea das caraterísticas mecânicas do material e em particular uma redução dos valores de microdureza do material foi obtida com valores mínimos atingidos em correspondência das zonas termicamente afetadas do material.

J. Adamowski e M. Szkodo [2007] investigaram as propriedades e as alterações microestruturais em soldaduras por fricção na liga de alumínio 6082-T6 em função da variação dos parâmetros do processo. A resistência à tração das juntas produzidas foi testada e a correlação com os parâmetros do processo foi avaliada. As microestruturas de várias zonas das soldaduras FSW são apresentadas e analisadas por meio de microscopia ótica e medições de microdureza. A resistência mecânica das soldaduras de ensaio aumentou com o aumento da velocidade de deslocação (soldadura) com uma velocidade de rotação constante. Foi observado um amolecimento do material no nugget de soldadura e na zona afetada pelo calor, de entidade inferior à das soldaduras por fusão.

A. Scialpi et al. [2007] estudaram o efeito de diferentes geometrias de ombro nas propriedades mecânicas e microestruturais de uma junta soldada por fricção. O processo foi utilizado na liga de alumínio 6082 T6 na espessura de 1,5 mm. As três ferramentas estudadas diferiam entre ombros com rolo e filete, cavidade e filete, e apenas filete. O efeito das três geometrias dos ombros foi analisado por inspeção visual, macrografia, microdureza HV, ensaio de flexão e ensaio de tração transversal e longitudinal à temperatura ambiente. A investigação conclui que, para chapas finas, a melhor junta foi soldada por um ombro com filete e cavidade.

K. Kumar et al. [2008] analisaram o papel da carga axial na formação da soldadura e foi encontrada a carga axial óptima para produzir soldaduras sem defeitos. Em geral, durante a soldadura por fricção, a ferramenta foi mergulhada na interface dos materiais a soldar de modo a que o eixo da ferramenta e a interface ficassem alinhados. Para além disso, a carga axial foi variada aumentando linearmente a interferência entre a ferramenta e o material de base. Isto foi feito mantendo a placa de apoio num ângulo em relação ao eixo da ferramenta na direção da soldadura.

A liga de alumínio 7020-T6 era uma liga de Al-Zn-Mg de precipitação dura, que era utilizada nas indústrias aeroespacial e automóvel para aplicações estruturais. Em suma, a soldadura da liga de alumínio 7020-T6 sem defeitos foi efectuada através do aumento contínuo da carga axial. A carga axial óptima foi de 8,1kN. Além disso, a resistência máxima da soldadura produzida pela técnica de variação da carga axial foi de 340Mpa (84% da resistência do material de base) com ductilidade de 7,3% a 8,8kN. O desvio seguro da ferramenta em relação à interface foi de 1mm no lado de avanço e 1,6mm no lado de recuo para uma ferramenta em forma de frustração. Quando a ferramenta se desvia do limite de segurança, a resistência à tração diminui acentuadamente.

Elangovana e Balasubramanian [2008] investigaram o efeito do perfil do pino da ferramenta e da velocidade de soldadura na formação da zona de processamento por fricção na liga de alumínio AA2219. Foram utilizados cinco perfis diferentes de pinos de ferramenta (cilíndrico reto, cilíndrico cónico, cilíndrico roscado, triangular e quadrado) para fabricar as juntas a três velocidades de soldadura diferentes (0,37, 0,76 e 1,25 mm/s). A velocidade de rotação de 1600rpm foi mantida constante. Foram efectuadas análises macro e microestruturais. Foi efectuado um ensaio de tração para avaliar as propriedades mecânicas das juntas de soldadura.

As juntas soldadas por FSW estavam isentas de defeitos e foram analisadas através da análise da macroestrutura das três velocidades de soldadura utilizadas para fabricar as juntas. As juntas fabricadas a uma velocidade de soldadura de 0,76 mm/s apresentaram propriedades de tração superiores. A junta fabricada com uma ferramenta perfilada de pino quadrado a uma velocidade de soldadura de 0,76 mm/s apresenta uma resistência máxima à tração, maior dureza e grãos mais finos na região FSP.

Cavaliere et al. [2008] examinaram o efeito dos parâmetros de soldadura nas propriedades mecânicas e microestruturais da junta AA6056 soldada por Friction Stir Welding. As velocidades de rotação da ferramenta utilizadas no estudo foram de 500, 800 e 1000 rpm e as velocidades de soldadura de 40, 56 e 80 mm/min. As propriedades mecânicas das juntas foram avaliadas por meio de microdureza (HV), ensaio de tração e ensaio de fadiga. Alguns espécimes para a análise microestrutural foram preparados por técnicas metalográficas padrão e gravados com o reagente de Keller para revelar a estrutura do grão.

A ductilidade do material atinge os valores mais elevados para as velocidades de soldadura de 40 e 56 mm/min e para a velocidade de rotação mais baixa (500 rpm), diminuindo fortemente com o aumento da velocidade de rotação e da velocidade de soldadura. A maior resistência à tração foi atingida em correspondência com as velocidades de rotação mais elevadas (800 e 1000 rpm) para a maior velocidade de soldadura utilizada (80 mm/min). Os gráficos da microdureza (HV) versus a distância do centro da soldadura parecem muito uniformes para o material unido utilizando a velocidade de rotação mais baixa (500 rpm) e as velocidades de soldadura mais baixas, em particular para 40 e 56 mm/min. Ao utilizar velocidades de rotação e de soldadura mais elevadas, a dureza do material atinge valores mais elevados em todas as condições e os perfis tornam-se menos uniformes ao longo do centro de soldadura. A microestrutura do material aparece como grãos muito finos e equiaxiais em todas as condições de soldadura.

Hakan aydin et al. [2009] propuseram que o FSW era adequado para a união de ligas de alumínio, especialmente para as que são normalmente consideradas como não soldáveis, como as séries 2xxx e 7xxx. Assim, com base na investigação experimental levada a cabo no presente trabalho em juntas soldadas de diferentes ligas de alumínio 2024 com tratamento térmico. Para além disso, os valores de microdureza na zona de soldadura da junta Al 2024-O foram superiores aos do material de base, pelo que os valores das juntas 2024-T4 e T6 (1900C-10h) foram parcialmente superiores aos das juntas 2024-W e T6 (1000C-10h). Além disso, as propriedades de tração das juntas aumentaram com o endurecimento por precipitação do material de base. Assim, as propriedades de tração mínimas para as juntas foram obtidas na junta 2024-W, enquanto as propriedades de tração máximas foram obtidas na junta 2024-T6. No entanto, as propriedades de tração da junta 2024-O foram equivalentes às do material de base.

C.Leitão et al. [2009] propuseram-se analisar o comportamento mecânico de soldaduras semelhantes e dissimilares obtidas por FSW de chapas de 1mm de espessura das ligas de alumínio muito populares no sector automóvel, as ligas AA5182-H111 e AA6016-T4. Além disso, os espécimes de tração de 50 mm de comprimento de calibre foram maquinados a partir das placas FSW longitudinal e transversalmente à direção de soldadura. As amostras de tração longitudinais foram extraídas de todas as soldaduras para testar exclusivamente o material agitado, ao passo que os espécimes de tração transversais foram maquinados a partir dos TWB (Tailor Welded Blanks), de modo a que a soldadura ficasse centrada na secção do calibre e o eixo de tração fosse normal à direção de soldadura. Em conclusão, a microestrutura e o comportamento mecânico de soldaduras por fricção semelhantes e dissimilares (ligas de alumínio AA5182-H111 e AA6016-T4) foram estudados nesta investigação, porque as soldaduras na liga de alumínio AA5182-H111 apresentaram um aumento de dureza de cerca de 20% na TMAZ, enquanto as soldaduras na liga AA6016-T4 apresentaram uma queda de 15% na dureza e aproximadamente 20% na resistência.

K. Mroczka e A. Pietras [2009] investigaram a elaboração de um conjunto de parâmetros FSW para a ligação de chapas de liga de alumínio 6082 que permitissem produzir soldaduras de elevada resistência. A soldadura FSW foi ensaiada a diferentes velocidades e com arrefecimento adicional. A microestrutura das soldaduras foi estudada utilizando microscópios ótico e eletrónico de varrimento. As propriedades mecânicas das ligações produzidas foram discutidas relativamente ao ensaio de tração e às medições de microdureza. As soldaduras FSW, para além de algumas linhas em ziguezague ligadas provavelmente à incorporação de óxidos superficiais, não apresentaram quaisquer macro defeitos. A microestrutura da soldadura mostrou uma forte refinação do grão com o mais pequeno de ~14 µm localizado no seu centro. A resistência à tração máxima mais elevada de tais ligações de ~230MPa foi obtida para experiências realizadas a uma velocidade linear de 710 rpm, taxa de rotação de 560 mm/min e arrefecimento intensivo aplicado das placas unidas. As soldaduras apresentaram a dureza mais baixa no centro, aumentando em ~20% nos lados. As ligações por soldadura por fricção retêm as propriedades plásticas da liga de alumínio 6082, apresentando uma fratura dúctil.

G. Padmanaban e V. Balasubramanian [2009] tentaram selecionar o perfil adequado do pino da ferramenta, o diâmetro do ombro da ferramenta e o material da ferramenta para soldar por fricção a liga de magnésio AZ31B. Foram utilizados cinco perfis de pinos de ferramenta, cinco materiais de ferramenta e três diâmetros de ombro de ferramenta para fabricar as juntas. As propriedades de tração das juntas foram avaliadas e correlacionadas com a microestrutura e a dureza da zona de soldadura. A partir da investigação, verificou-se que a junta fabricada utilizando uma ferramenta com perfil de pino roscado feita de aço de alto carbono com um diâmetro de ombro de 18 mm produziu soldaduras mecanicamente sólidas e metalurgicamente sem defeitos em comparação com as suas contrapartes. A ausência de defeitos na região da soldadura, a presença de grãos equiaxiais muito finos na região da soldadura e a maior dureza na região da soldadura foram as principais razões para as propriedades de tração superiores destas juntas.

Weifeng et al. [2009] investigaram a microestrutura e as propriedades mecânicas de juntas soldadas por fricção na liga de alumínio 2219-T6. Foi utilizada uma ferramenta de soldadura com um ombro de 15 mm e um pino roscado de 6 mm de diâmetro e 5,8 mm de comprimento. O ângulo de inclinação da ferramenta rotativa em relação ao eixo Z da máquina FSW foi de 2,50. A FSW foi efectuada utilizando velocidades de rotação da ferramenta de 800, 900, 1000, 1200 e 1300 rpm e uma velocidade de deslocação de 100-140 mm/min. Neste estudo, a microestrutura, o ensaio de tração e a microdureza da liga de alumínio 2219-T6 soldada por fricção foram examinados com diferentes parâmetros de soldadura.

O tamanho das partículas da segunda fase diminui e o tamanho do grão aumenta ligeiramente com a velocidade de rotação de 800 rpm para 1100 rpm. Com o aumento da velocidade de rotação de 800 rpm para 1100 rpm a uma velocidade constante de deslocação da ferramenta de 140 mm/min, a resistência à tração, a resistência ao escoamento das juntas, o alongamento e a eficiência da junta aumentam quase linearmente de 294,8 MPa, 184,8 MPa, 4,7% e 71% para 329 MPa, 194,6 MPa, 8,2% e 80%. Quando a velocidade de rotação atinge 1300 rpm, a eficiência da junta é de apenas 41%. A curva de dureza é assimétrica em relação à linha central da soldadura. A dureza mínima de 77,3HV apresenta a fronteira entre a ZTA e a ZTA no lado do recuo e o valor máximo localiza-se no material de base. Também se pode verificar que o valor da dureza aumenta ligeiramente com o aumento da velocidade de rotação, e depois diminui muito menos com a velocidade de rotação até 1200 rpm.

Rodrigues et al. [2009] investigaram chapas de 1mm de espessura de ligas de alumínio AA 6016-T4 e soldaram com soldadura por fricção com duas ferramentas diferentes e analisaram e compararam a microestrutura e as propriedades mecânicas. As ligas de alumínio AA 6016-T4 foram soldadas com duas geometrias diferentes de ombro de ferramenta: um ombro cónico com 10 mm de diâmetro e um ombro enrolado com 14 mm de diâmetro. Estas ligas de alumínio foram soldadas por fricção com uma velocidade de rotação da ferramenta de 1800 rpm e uma velocidade de soldadura de 180 mm/min para o ombro cónico.

Para o ombro enrolado, foi selecionada uma velocidade de rotação de 1120 rpm e uma velocidade de soldadura de 320 mm/min. Foram efectuadas análises microestruturais, ensaios de dureza e ensaios de tração. As soldaduras analisadas foram unidas com sucesso e não apresentaram porosidade e/ou defeitos nas superfícies de topo e de raiz da soldadura. Não se produziu flash durante a soldadura para ambas as ferramentas. Em jeito de epílogo, as diferenças na geometria da ferramenta e nos parâmetros de soldadura induziram alterações significativas no percurso do fluxo de material durante a soldadura, bem como na microestrutura da pepita de soldadura.

As diferenças na microestrutura conduziram a uma redução da dureza de cerca de 15% nas soldaduras CW, contrariamente às soldaduras HW onde se atingiu uma condição de igualdade. A redução do alongamento de 30% e 70%, respetivamente, para as soldaduras HW e CW foi observada devido à alteração microestrutural registada, bem como à redução de espessura registada nas soldaduras HW.

M.Ghosh et al. [2010] investigaram a soldadura por fricção de ligas de alumínio fundidas A356 e 6061-T6 com uma velocidade de deslocação de 80 a 240 mm/min e uma velocidade de rotação da ferramenta de 1000-1400 rpm. Para esclarecer melhor o facto, a valiosa janela de processo foi responsável pela alteração da entrada total de calor e da taxa de arrefecimento no momento da soldadura. Além disso, a liga A356 apresentou uma rede eutéctica de fase primária de Al e partículas grosseiras de Si. A dispersão da segunda fase na matriz de alumínio foi constituída pela liga Al 6061.

Os precipitados no interior do corpo de grão são, na sua maioria, globulares e distribuídos de forma homogénea, ao passo que o agrupamento dos mesmos foi observado em torno dos limites do grão.

Para além disso, a melhoria da resistência da ligação deveu-se apenas à alteração do tamanho do grão da liga Al 6061, à alteração da forma e do tamanho dos dispersóides ricos em Si, à baixa tensão residual com elevada densidade de defeitos. Se a velocidade de rotação e de deslocação da ferramenta for inferior, o fenómeno acima referido será mais dominante. Por conseguinte, a amostra fabricada com a velocidade de rotação e de deslocação da ferramenta mais baixa apresenta uma resistência de união mais elevada.

Shanmuga e Murgan [2010] neste estudo, as ligas de alumínio AA2024-T6 e AA5083-H321 foram selecionadas para o processo de soldadura de FS dissimilares. Os parâmetros de processamento utilizados neste estudo foram as velocidades de rotação da ferramenta 800, 1000, 1200, 1400 e 1600rpm e as velocidades de soldadura 40, 50, 60, 70 e 80mm/min. Foram utilizadas para a soldadura ferramentas de soldadura por fricção com cinco perfis diferentes de pinos: Cilindro cónico com ranhuras, Quadrado cónico, Hexágono cónico, Forma de pá e Cilindro reto. Foram efectuadas análises microestruturais e ensaios de tração.

O aumento da velocidade de rotação da ferramenta ou da velocidade de soldadura leva a um aumento da resistência à tração, que atinge um valor máximo e depois diminui. As juntas soldadas de FS dissimilares fabricadas com a ferramenta Hexágono Cónico têm o maior alongamento à tração, enquanto a ferramenta Cilindro Reto tem o menor alongamento à tração. O aumento da velocidade de rotação da ferramenta resulta na diminuição do alongamento de tração, enquanto o alongamento de tração aumenta com o aumento da velocidade de soldadura. O alongamento à tração diminui com o aumento da força axial da ferramenta.

Catarina Vidal et al. [2010] analisaram a melhoria de juntas soldadas por fricção da liga de alumínio aeroespacial AA2024-T351. Inicialmente, foi utilizado o método de Taguchi para obter os parâmetros óptimos de FSW para melhorar o seu comportamento mecânico. Em seguida, foi investigada em pormenor a resistência à fadiga do material de base, as juntas em condições de soldadura e as juntas soldadas FSW sãs e defeituosas melhoradas por retificação. A influência dos parâmetros do processo foi abordada através da análise estatística dos parâmetros do aspeto do cordão de soldadura, da resistência mecânica à tração e à flexão, das caraterísticas metalúrgicas e da caraterização do campo de dureza. Os testes de validação demonstram a viabilidade do desenho de Taguchi na otimização dos parâmetros FSW e os resultados de fadiga mostram a resistência das juntas soldadas melhoradas em relação ao material de base. A implementação dos parâmetros FSW previstos pelo modelo algébrico resultou em juntas sólidas de penetração completa com uma zona de nugget desenvolvida ao longo da espessura total sem defeito de raiz percetível.

M.Ramulu et al. [2010] propuseram que a soldadura por fricção de titânio é um processo relativamente novo. Foi realizado um projeto de investigação em colaboração entre a universidade e a indústria para determinar as propriedades mecânicas das soldaduras por fricção de Ti-6A1-4V em material de tamanho de grão padrão, tamanho de grão fino, como soldado, com alívio de tensões e em condições de formação superplástica. Para esclarecer melhor o facto, o objetivo deste esforço específico era avaliar as propriedades de tração do Ti-6A1-4V soldado por fricção e super plastificado. Para além disso, a soldadura por fricção na liga Ti-6A1-4V pode possuir resistências à tração e à rutura superiores às propriedades do material de origem. No entanto, o alongamento até à rotura nas amostras soldadas foi reduzido. Por outro lado, as soldaduras em material de grão fino e as soldaduras com alívio de tensões conduzem a melhores resistências e alongamentos. Num epílogo, as propriedades das soldaduras SPF melhoraram com o grau de super plasticidade.

H.Bisadi et al. [2011] investigaram que a soldadura por fricção pode produzir muitos tipos de juntas, tais como juntas de topo, juntas sobrepostas e juntas em T. Além disso, a liga de alumínio AA5083 foi amplamente utilizada nas indústrias aeroespacial, marítima e militar, devido ao seu peso leve, soldabilidade admissível e resistência à corrosão de elite. Neste estudo, foram realizadas experiências para investigar os efeitos dos parâmetros do processo FSW, incluindo a rotação e a velocidade de soldadura, na microestrutura e nas propriedades mecânicas da liga de alumínio 5083 na soldadura de junta sobreposta e foram analisados diferentes defeitos da junta. Observou-se que a área do nugget tinha o melhor tamanho de grão e também maior dureza em comparação com as outras áreas de soldadura. Também se obtiveram as melhores propriedades da junta à velocidade de rotação de 825rpm e à velocidade de soldadura de 32mm/min.

A. K. Lakshminarayanan et al. [2011] desenvolveram uma janela de soldadura por fricção para uma união eficaz da liga de alumínio AA2219. As juntas foram fabricadas utilizando diferentes combinações de parâmetros de processo, tais como a velocidade de rotação e a velocidade de soldadura. Foram produzidas juntas FSW AA2219 sem defeitos numa vasta gama de velocidades de rotação e de soldadura. A janela de soldadura por fricção foi desenvolvida para obter soldaduras sem defeitos. A janela actuou como um mapa de referência para escolher os melhores parâmetros do processo FSW para obter juntas sem defeitos na liga de alumínio AA2219. Os perfis de distribuição de dureza mais baixos (LHDP) com uma inclinação de 0°-30° em relação à superfície de contacto foram determinados através da construção de mapas de distribuição de dureza em torno da ZTA. Verificou-se que o ângulo de inclinação aumenta com a diminuição da velocidade de rotação e com o aumento da velocidade de soldadura.

Qasim M Doos e Bashar Abdul Wahab [2012] determinaram a viabilidade de soldar duas peças de tubo de alumínio pelo processo de soldadura por fricção e estudaram o efeito nas propriedades mecânicas das juntas de soldadura. Foi realizado um dispositivo de soldadura especial fixado numa fresadora convencional para tentar realizar esta soldadura e um grupo de parâmetros de soldadura.

Foram utilizadas três velocidades de rotação da ferramenta (500, 630, 800 rpm) com quatro velocidades de soldadura (0,5, 1, 2, 3 mm/seg.) para cada velocidade de rotação, a fim de estudar o efeito de cada parâmetro (rotação da ferramenta, velocidade de soldadura) nas propriedades mecânicas e microestruturais das juntas soldadas. As propriedades mecânicas das juntas soldadas foram investigadas utilizando diferentes ensaios mecânicos, incluindo ensaios não destrutivos (inspeção visual, raios X) e ensaios destrutivos (ensaio de tração, microdureza e microestrutura). No epílogo, os resultados mostram que o tubo de alumínio (AA 6061-T6) pode ser soldado pelo processo (FSW) com uma eficiência máxima de soldadura (61,7%) em termos de resistência à tração final, utilizando uma velocidade de rotação de 630 (rpm) e uma velocidade de deslocação de 1 (mm/seg.).

Heidarzadeh et al. [2012] investigaram o comportamento à tração de juntas de liga de alumínio AA 6061-T4 soldadas por fricção. Os três parâmetros de soldadura considerados foram a velocidade de rotação da ferramenta, a velocidade de soldadura e a força axial. A caraterização microestrutural e a fractografia das juntas foram examinadas utilizando microscópio ótico e eletrónico de varrimento. A soldadura FSW foi efectuada utilizando velocidades de rotação da ferramenta de 800, 900, 1000, 1200 e 1300 rpm e velocidades transversais de 46, 60, 80, 100 e 113 mm/min. O ensaio de tração foi realizado neste estudo.

A velocidade de rotação, a velocidade de soldadura e a força axial óptimas para obter o valor máximo de UTS foram 920rev/min, 78 mm/min e 7,2 kN. A UTS das juntas soldadas FS aumentou com o aumento da velocidade de rotação da ferramenta, da velocidade de soldadura e da força axial da ferramenta até um valor máximo, tendo depois diminuído. O aumento da velocidade de rotação e da força axial da ferramenta e a diminuição da velocidade de soldadura conduzem à eliminação dos defeitos no WZ das juntas devido a fricção suficiente e ao fluxo plástico do material.

Palanivel et al. [2012] investigaram o efeito da velocidade de rotação da ferramenta e do perfil do pino na microestrutura e na resistência à tração de ligas de alumínio dissimilares soldadas por fricção AA5083-H111 e AA6351-T6. A velocidade de deslocação foi mantida constante em todas as experiências a 60 mm/min. As juntas dissimilares foram feitas utilizando três velocidades de rotação diferentes de 600 rpm, 950 rpm e 1300 rpm e cinco perfis diferentes de pinos de ferramenta: quadrado reto (SS), hexágono reto (SH), octógono reto (SO), quadrado cónico (TS) e octógono cónico (TO). Outros parâmetros como a velocidade de soldadura de 60 mm/s, a força axial de 8 kN, o ângulo de inclinação da ferramenta de 00 e o diâmetro do ombro da ferramenta de 18 mm foram mantidos constantes.

A junta fabricada utilizando a velocidade de rotação da ferramenta de 950 rpm produziu uma resistência mais elevada de 273 MPa. A variação da resistência à tração das juntas dissimilares foi atribuída ao comportamento do fluxo do material, à perda de trabalho a frio na ZTA do AA5083, à dissolução e ao envelhecimento excessivo dos precipitados do AA6351 e à formação de defeitos macroscópicos na zona de soldadura. A formação da região de fluxo misto foi ainda observada como dependente da velocidade de rotação da ferramenta. A região de fluxo misto estava ausente a uma velocidade de rotação da ferramenta de 600 rpm. O volume de material plastificado e a interação da ferramenta foram menores com uma velocidade de rotação da ferramenta de 600 rpm.

Pratik Agarwal et al. [2012] investigaram juntas de topo da liga de alumínio AA 6063 e cobre comercialmente puro e o efeito dos parâmetros de soldadura na morfologia da superfície, na microestrutura da interface e nas propriedades mecânicas. Os resultados experimentais obtidos mostraram que se obtiveram juntas relativamente melhores quando a placa de cobre duro foi fixada no lado de avanço. As propriedades mecânicas das juntas FSW Al-Cu estavam intimamente relacionadas com a microestrutura da interface entre a matriz de Al e o volume de Cu. Sob taxas de rotação mais elevadas, desenvolveu-se uma estrutura em camadas de empilhamento na interface Al-Cu e, neste caso, as fissuras iniciaram-se facilmente, resultando em propriedades mecânicas fracas. A microestrutura mostrou o padrão de fluxo e a mistura entre o Cu e a liga de Al.

L.Karthikeyan et al. [2012] propuseram que a soldadura por fricção das ligas de alumínio AA2011 e 6063 era leve. Além disso, estas ligas eram mais essenciais em aplicações aeroespaciais e marítimas. Além disso, devido às caraterísticas químicas e físicas, a união de ligas de alumínio dissimilares era mais difícil na fusão convencional. Neste trabalho, as ligas de alumínio AA2011 e AA 6063 foram soldadas por fricção e foram calculadas a microestrutura e as propriedades de tração.

Foi declarado que a junta de soldadura por fricção estava sólida e sem defeitos mas, por outro lado, a velocidade de 1600 rpm foi notada para uma boa aparência mas dá uma superfície áspera. Em conclusão, a velocidade de rotação da ferramenta aumentou a resistência da soldadura e a resistência à tração com 60 mm/min e a velocidade de rotação da ferramenta foi de 1400 rpm para uma boa fluência da zona do material.

Bilici & Yukler [2012] estudaram o efeito do diâmetro do ombro, da geometria da ferramenta, do ângulo de inclinação da ferramenta, da profundidade de imersão e da velocidade de rotação da ferramenta em chapas de polietileno de alta densidade (HDPE). A resistência de um ponto de soldadura por fricção é normalmente determinada por um ensaio de corte por sobreposição. Nesta revisão, estudou-se o efeito dos parâmetros do processo na junta soldada e optimizaram-se os parâmetros utilizando o método de Taguchi e a metodologia de superfície de resposta. . Foi utilizada uma matriz ortogonal, a relação sinal/ruído (S/N) e a análise de variância (ANOVA) para investigar os efeitos dos parâmetros de soldadura por fricção na resistência da soldadura. Após a realização das várias experiências, concluiu que a espessura do nugget e a resistência da junta de soldadura aumentam com o diâmetro do ombro. Obtiveram-se pepitas de soldadura maiores com um tempo de permanência mais longo. Os pinos roscados cónicos foram o melhor perfil de pino.

M. Koilraj et al. [2012] realizaram a união de placas dissimilares de liga Al-Cu AA2219-T87 e liga Al-Mg AA5083-H321 utilizando a técnica de soldadura por fricção (FSW) e os parâmetros do processo foram optimizados utilizando o desenho ortogonal de experiências Taguchi L16. A velocidade de rotação, a velocidade transversal, a geometria da ferramenta e a relação entre o diâmetro do ombro da ferramenta e o diâmetro do pino foram os parâmetros tidos em consideração. Os parâmetros óptimos do processo foram determinados com referência à resistência à tração da junta. O valor ótimo previsto para a resistência à tração foi confirmado através da realização da corrida de confirmação utilizando os parâmetros óptimos. Este estudo mostra que é possível produzir juntas soldadas sem defeitos e de elevada eficiência utilizando uma vasta gama de parâmetros de processo e recomenda parâmetros para produzir as melhores propriedades de tração da junta. A análise de variância mostrou que a relação entre o diâmetro do ombro da ferramenta e o diâmetro do pino é o fator mais dominante na decisão da solidez da junta, enquanto a geometria do pino e a velocidade de soldadura também desempenharam papéis significativos. Os estudos microestruturais revelaram que o material colocado no lado de avanço domina a região do nugget. Os estudos de dureza revelaram que a dureza mais baixa na soldadura ocorreu na zona afetada pelo calor no lado da liga de 5083, onde se observaram falhas de tração.

Vijay Shivaji Gadakh e Kumar Adepu [2013] desenvolveram um modelo analítico para a geração de calor na soldadura por fricção utilizando o perfil de pino cilíndrico cónico. A expressão analítica proposta foi a modificação de modelos analíticos anteriores conhecidos da literatura, que foi verificada e corresponde bem ao modelo desenvolvido por investigadores anteriores. Os resultados do modelo proposto foram validados com os dados de investigadores anteriores. A partir dos resultados obtidos, observou-se que é gerada menos temperatura utilizando o perfil de cavilha cilíndrica cónica do que o perfil de cavilha cilíndrica reta num determinado conjunto de condições de trabalho. Além disso, os resultados da simulação numérica mostram que o aumento do ângulo do pino cónico conduz a uma diminuição da temperatura máxima.

J. Gandra et al. [2013] abordaram a deposição de revestimentos AA 6082-T6 em substratos AA 2024-T3, concentrando-se no efeito dos parâmetros do processo, tais como, força axial, rotação e velocidade de deslocação. Foram produzidos revestimentos de alumínio sólidos com formação intermetálica limitada na interface de ligação. Observou-se que as baixas velocidades de deslocação e de rotação contribuem para um aumento da espessura e da largura do revestimento. A ligação nos bordos do revestimento deteriora-se com velocidades de deslocação mais elevadas. A força axial é determinante na obtenção de uma interface totalmente ligada. O AA 6082 foi depositado com sucesso sobre o AA 2024 por revestimento de fricção. A interface estava isenta de porosidade e não foram encontrados indícios significativos de formação de intermetálicos. As velocidades de deslocação elevadas contribuem para uma diminuição da espessura, da largura e da largura de ligação do revestimento. A força axial melhora a largura de ligação e resulta em depósitos mais largos e mais finos. Forças excessivas resultam em secções transversais de forma côncava. As velocidades de rotação mais baixas foram benéficas para a união.

Kumar et al. [2013] estudaram que a combinação de ligas de alumínio das séries 2xxx e 6xxx é muito utilizada na indústria aeroespacial e automóvel devido à sua boa relação resistência/peso, propriedades mecânicas e propriedades anti-corrosão. O perfil do pino da ferramenta tem um grande impacto na resistência e na qualidade das juntas soldadas por fricção. O autor examinou a influência de diferentes perfis de pinos nas propriedades mecânicas de ligas de alumínio dissimilares, soldadas com FSW. As ligas de alumínio 2014 e 6082 foram soldadas com sucesso utilizando três perfis de pinos diferentes (Quadrado, Pentágono e Hexágono).

A partir dos resultados, observou-se que a junta fabricada com uma ferramenta com perfil de pino pentagonal apresenta propriedades de tração e microdureza superiores às de outras juntas. Verificou-se que o perfil do pino da ferramenta tem um grande impacto na resistência e na qualidade das juntas soldadas por fricção. É necessária uma boa ação de agitação e uma quantidade suficiente de calor de fricção na zona agitada para o fluxo plastificado adequado do material e, por sua vez, para produzir soldaduras sem defeitos.

Handa e Chawla [2013] estudaram a junção de aço inoxidável austenítico (AISI 304) com aço de baixa liga (AISI 1021) a 1600 rpm e a diferentes pressões axiais, determinando depois a resistência da junta através de propriedades mecânicas como a resistência à tração, a resistência à torção, a resistência ao impacto e a microdureza. Os espécimes ensaiados à tração foram também submetidos a uma análise SEM para determinar o padrão de falha dos espécimes.

Verificou-se que as propriedades mecânicas das soldaduras por fricção variam com a pressão axial aplicada. A resistência máxima à tração das barras soldadas foi alcançada com uma pressão axial aplicada de 105MPa, mas o espécime falha de forma frágil. O deslocamento máximo também estava disponível a esta pressão axial. Com o aumento adicional da pressão axial, a resistência começa a diminuir. Também se observou que a resistência ao impacto, tanto para Charpy como para Izod, era máxima a 105 MPa de pressão axial. Verificou-se que a dureza de todas as amostras era máxima no lado do aço inoxidável austenítico do que no lado do aço de baixa liga. Com o aumento da pressão axial, a dureza no centro da secção transversal da soldadura aumenta. A resistência à torção também foi considerada máxima a 105MPa de pressão axial.

Singh et al. [2013] investigaram a resistência à tração e a microdureza de juntas soldadas por fricção das ligas de alumínio 6063 e 5083. As experiências FSW foram realizadas num centro de fresagem vertical CNC. As ferramentas utilizadas para a soldadura tinham a forma de um pino cilíndrico redondo e de um pino quadrado. Com cada geometria de ferramenta, foram soldadas nove amostras, variando a velocidade de rotação da ferramenta e a taxa de avanço. A microestrutura e o comportamento mecânico das soldaduras por fricção dissimilares em chapas de 6 mm de espessura das ligas de alumínio AA5083 e AA6063 foram estudados nesta investigação.

Concluíram que a ferramenta de soldadura por fricção com dois perfis de pinos diferentes é fabricada com êxito, sendo adequada para a soldadura por fricção dissimilar de ligas de alumínio. A resistência máxima à tração foi atingida a 800 rpm e 50 mm/min. As juntas soldadas por fricção dissimilares fabricadas com a ferramenta quadrada apresentam a maior resistência à tração, enquanto a ferramenta redonda apresenta a menor resistência à tração em função dos parâmetros de funcionamento utilizados.

H.J. Liu et al. **[2013]** estudaram a liga de alumínio 6061-T6 de 4 mm de espessura que foi soldada por fricção auto-reagindo a uma velocidade de rotação constante da ferramenta de 600 rpm. A ferramenta de auto-reação especialmente concebida foi caracterizada por dois diâmetros de ombro diferentes. Foi investigado o efeito da velocidade de soldadura na microestrutura e nas propriedades mecânicas das juntas. À medida que a velocidade de soldadura aumentou de 50 para 200 mm/min, o tamanho do grão da zona de agitação aumentou, mas o tamanho do grão da zona afetada pelo calor quase não se alterou. Os chamados padrões de bandas do lado de avanço para o centro da soldadura foram detectados na zona de agitação. Os precipitados metaestáveis de reforço foram todos diminuídos na zona de agitação e na zona termicamente afetada mecanicamente das juntas. No entanto, uma quantidade considerável de fases b0, que tendem a reduzir com o aumento da velocidade de soldadura, foram retidas na zona afetada pelo calor. Os resultados do ensaio de tração transversal indicaram que o alongamento e a resistência à tração das juntas aumentaram com o aumento da velocidade de soldadura. As juntas sem defeitos foram obtidas a velocidades de soldadura mais baixas e a fratura por tração localizou-se na zona afetada pelo calor adjacente à zona térmica afetada mecanicamente no lado do avanço.

H. Kokawa et al. [2013] estudaram o calor de fricção e o fluxo de material durante a soldadura por fricção para formar microestruturas de grão fino com microtexturas em materiais metálicos. As caraterísticas e a distribuição das microestruturas determinam frequentemente as propriedades da soldadura. O nosso grupo tem vindo a realizar um estudo metalúrgico das microestruturas e propriedades dos materiais soldados por fricção através de microscopia eletrónica de transmissão e microscopia eletrónica de varrimento com técnica de difração de retrodifusão de electrões. O fundamental das evoluções, distribuições e estabilidades das microestruturas em diferentes ligas metálicas durante o tratamento FSW e pós-FSW será discutido através da revisão dos nossos estudos anteriores.

Giuseppe Casalino et al. [2014]relata uma investigação experimental sobre os efeitos da geometria e do revestimento da superfície do ombro da ferramenta sobre a defeituosidade, a microestrutura e a microdureza de uma solda de topo da liga de alumínio 5754H11 com 3 mm de espessura. Durante as experiências, o diâmetro e a inclinação do ombro variaram. Além disso, foi testado um revestimento de carboneto de tungsténio. A soldadura foi caracterizada em termos da morfologia do cordão e do tamanho do grão. O perfil de microdureza da soldadura foi medido para todas as zonas microestruturais do processo de soldadura por fricção. Em conclusão, a ferramenta cónica produziu uma junta regular com uma superfície lisa e pouco flash. O tamanho do ombro influenciou o tamanho das zonas microestruturais e o perfil de dureza. O tamanho do grão na TMAZ foi sensível ao ombro da ferramenta.

Xun Liu et al. [2014] examinaram chapas finas de liga de alumínio 6061-T6 e um tipo de aço avançado de alta resistência, o aço de plasticidade induzida por transformação (TRIP), que foram unidas com sucesso através da técnica de soldadura por fricção (FSW). A resistência máxima à tração atingiu 85% da liga de alumínio de base. A camada de composto intermetálico (IMC) de Fe-Al ou Fe3Al com espessura inferior a 1μm formou-se na interface Al-Fe no lado de avanço, o que contribuiu efetivamente para a resistência da junta. Os ensaios de tração e os resultados da microscopia eletrónica de varrimento (SEM) indicam que o nugget de soldadura foi considerado como um compósito de matriz de alumínio, que é reforçado por fragmentos de aço dispersos e envolvidos por uma fina camada intermetálica ou simplesmente por partículas intermetálicas.

Y. Tao et al.[2014]estudaram que placas de Al-Mg-Sc de 8,1 mm de espessura foram soldadas por fricção (FSW) a taxas de rotação da ferramenta de 400-800 rpm e velocidades de soldadura de 100-400 mm/min para investigar o efeito do parâmetro de soldadura na microestrutura, propriedade mecânica e comportamento de fratura das juntas. A zona de agitação a 400 e 600 rpm apresentou uma ligação S preguiçosa e uma ligação em forma de beijo, com morfologias bastante diferentes, devido a um fluxo insuficiente de material. A resistência à tração final das juntas foi quase igual à do metal de base, sendo a eficiência da junta de 97-99%. O comportamento de fratura das juntas mudou com o parâmetro de soldadura e foi fortemente afetado pelo S preguiçoso e pela ligação por beijo. Para as juntas a 400 e 600 rpm, a fratura ocorreu parcialmente ao longo do S preguiçoso a 100 mm/min ou iniciou-se na ligação de beijo a 400 mm/min. No entanto, as juntas a 800 rpm exibiram uma fratura independente do S preguiçoso ou da ligação de beijo.

R. Padmanaban et al. [2014] desenvolveram um modelo numérico baseado na Dinâmica de Fluidos Computacional (CFD) para prever a distribuição da temperatura e o fluxo de material durante o processo FSW de ligas de alumínio dissimilares AA2024 e AA7075. Foi utilizada uma abordagem de volume de fluido e o processo FSW é modelado como um fluxo laminar visco-plástico em estado estacionário que passa por uma ferramenta cilíndrica rotativa. Verificou-se que a distribuição da temperatura é assimétrica e que a temperatura máxima atingida se situa entre 80 e 90% da temperatura liquidus do material soldado. A distribuição da temperatura no FSW foi afetada tanto pelo TRS como pelo WS. Especificamente, o aumento do TRS aumenta a temperatura de pico durante a FSW, enquanto a temperatura de pico diminui com o aumento do WS. O aumento da TRS aumenta a vida útil da ferramenta e melhora a mistura de materiais, enquanto o aumento da WS aumenta as cargas que actuam na ferramenta e, por conseguinte, afecta a vida útil da ferramenta. Da mesma forma, o aumento do TRS e do SD diminui a viscosidade na região do nugget, melhorando o fluxo de material. O aumento de WS afecta o fluxo de material, como se observa pela maior viscosidade na zona de agitação.

Avinash P. et al. [2014] investigaram a viabilidade da soldadura por fricção (FSW) das ligas de alumínio dissimilares AA7075 T6 e AA2024 T3, com um rácio de espessura de 1,3, e as propriedades mecânicas e estruturais da soldadura. Uma vez que tanto a AA2024 T3 como a AA7075 T6 não eram soldáveis por processos de soldadura por fusão, foi utilizado o processo FSW para soldar estas duas ligas dissimilares. Foram produzidos espaços em branco de soldadura à medida, sem defeitos, nas chapas de AA7075 T6 e AA 2024 T3 com espessuras de 6,5 mm e 5 mm, respetivamente. Os parâmetros de processo utilizados nesse estudo incluem as velocidades de rotação e de deslocação da ferramenta. A ferramenta FSW utilizada no estudo foi feita com aço temperado AISI H13 com perfil de pino quadrado com diâmetro de pino de 5mm, concavidade no início do pino de 1mm e comprimento do pino de 4,85mm. O blank soldado à medida de AA2024 e AA7075, com uma relação de espessura de 1,3, foi soldado com sucesso utilizando a técnica de soldadura FS. Foi produzida uma soldadura sólida a uma velocidade de rotação média (1000 rpm) e a uma velocidade de deslocação mais baixa (80 mm/min). A transformação do material plastificado do lado de avanço para o lado de recuo foi uniforme em todas as soldaduras. A resistência da soldadura foi menor em comparação com os metais de base, o que se deveu ao facto de a relação de espessura das soldaduras dissimilares ser superior à unidade.

Charles A. Maltin et al. [2014] investigaram a viabilidade teórica e técnica da tecnologia de ombro estacionário no aço DH36. As soldaduras de alumínio foram produzidas utilizando técnicas convencionais de soldadura por fricção com ombro rotativo e com ombro estacionário, e as soldaduras de aço foram produzidas utilizando apenas técnicas convencionais de soldadura por fricção. Os efeitos da tecnologia de ombro estacionário tanto na evolução microestrutural como nas propriedades mecânicas resultantes do alumínio foram avaliados de modo a que os efeitos prováveis no aço pudessem ser previstos. Nas soldaduras de alumínio, a técnica do ombro estacionário resulta numa transição distinta entre material agitado e não agitado, contrastando com a mudança gradual tipicamente observada nas soldaduras por fricção convencionais produzidas com um ombro rotativo. Uma investigação das propriedades da soldadura produzida no aço DH36 demonstrou que, se fosse utilizada a técnica de soldadura com ombro estacionário, a microestrutura suscetível de ser formada seria dominada por uma fase de ferrite bainítica e, por conseguinte, apresentaria propriedades de dureza e de tração superiores às do material de origem. Prevê-se que, se a mesma transição abrupta entre material não agitado e agitado observada no alumínio ocorresse no aço, isto levaria à iniciação de fissuras, seguida de uma rápida propagação através da microestrutura de soldadura relativamente frágil. Assim, estas descobertas demonstram que, sem mais melhorias no projeto e no processo, é improvável que a soldadura por fricção com ombro estacionário seja aplicável ao aço.

Jae-Hyung Cho et al. [2014] testaram várias condições de soldadura para duas ligas de alumínio diferentes, A5083 e A6082, utilizando ferramentas com um ombro côncavo e um pino cónico roscado. As ligas A6082 eram materiais tratados termicamente por envelhecimento e o seu amolecimento em termos de resistência por aquecimento por fricção foi evidentemente observado durante a FSW. A orientação cristalográfica na zona de agitação da A5083 revelou uma distribuição aleatória, e a da A6082 estava próxima de uma forte textura de cisalhamento. Os perfis de temperatura foram medidos perto da zona afetada pelo calor (HAZ) utilizando termopares. A evolução da microestrutura e da textura foi também examinada utilizando a difração por retrodifusão de electrões. As temperaturas de pico globais do A5083 e do A6082 foram semelhantes. A temperatura de pico do A6082 perto da zona afetada pelo calor era suficientemente elevada para afetar os precipitados de envelhecimento no A6082.

Sadeesh P et al.[2014]investigaram a junção de chapas de alumínio dissimilares AA2024 e AA6061 de 5mm de espessura pela técnica de soldadura por fricção (FSW). Foram obtidos parâmetros de processo óptimos para as juntas utilizando uma abordagem estatística. Foram utilizados cinco modelos diferentes de ferramentas para analisar a influência da velocidade de rotação e da velocidade transversal sobre as propriedades microestruturais e de tração. Foi investigado o efeito da velocidade de soldadura nas microestruturas, na distribuição da dureza e nas propriedades de tração das juntas soldadas. Variando os parâmetros do processo, foram produzidas juntas soldadas sem defeitos e de elevada eficiência. A relação entre o diâmetro do ombro da ferramenta e o diâmetro do pino é o fator mais dominante. A partir da análise microestrutural, é evidente que o material colocado no lado de avanço domina a região do nugget. A dureza na ZTA do 6061 foi considerada mínima, onde as juntas soldadas falharam durante os ensaios de tração.

2.2 FORMULAÇÃO DO PROBLEMA

Depois de estudar os artigos de investigação, observa-se que a soldadura do alumínio metálico não é possível com a soldadura por arco, a soldadura MIG e a soldadura TIG; observa-se também que o alumínio é soldado por soldadura a gás, mas a resistência da junta é muito fraca. A junta soldada falha maioritariamente no ponto de união. Assim, a outra alternativa é a soldadura por fricção. Na soldadura por fricção, o alumínio é totalmente fundido por si próprio devido ao calor de fricção. Para melhorar a resistência da junta, vamos dopar o outro metal dentro da junta para que a liga de alumínio forme o cordão de soldadura e dê a máxima resistência. Assim, no trabalho de tese, propõe-se estudar o efeito dos parâmetros de entrada, nomeadamente, a taxa de alimentação, as RPM da ferramenta, a forma da ferramenta e o material de dopagem na microdureza, na resistência à tração e na microestrutura. O efeito de vários parâmetros de entrada nas respostas de saída foi analisado utilizando a Análise de Variância (ANOVA).

CAPÍTULO 3

MONTAGEM EXPERIMENTAL

3.1 PREPARAÇÃO DE AMOSTRAS E FABRICO DE JUNTAS:

Como metal de base foram utilizadas placas simples de alumínio com 6 mm de espessura. As placas foram cortadas com 50 mm de largura e 80 mm de comprimento, utilizando uma serra eléctrica com uma lâmina de corte de metal. Para obter uma configuração de junta suave, os bordos das placas foram alisados numa fresadora vertical. Em seguida, foram efectuados cinco furos de 1 mm cada no comprimento de 80 mm a uma distância adequada para a dopagem dos materiais. As imagens das amostras após o corte e a perfuração são mostradas na Fig. 3.1

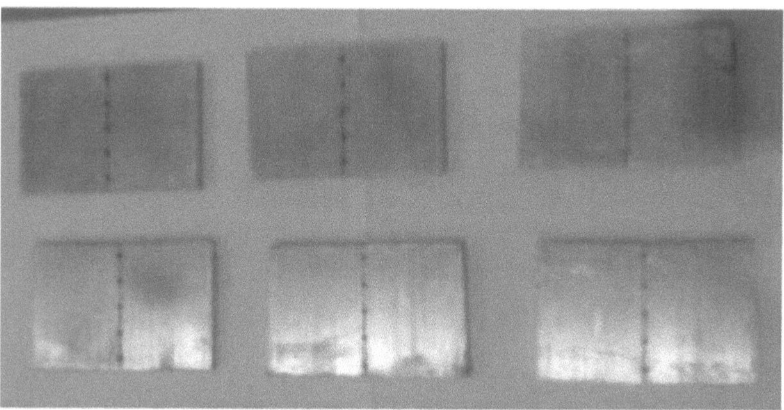

Fig 3.1 Chapas de alumínio depois de facetadas e perfuradas

3.2 FERRAMENTAS UTILIZADAS:

Neste estudo, foram empregues três perfis diferentes de pinos de ferramenta, triangulares, cilíndricos cónicos e cilíndricos, para fazer juntas. O comprimento da ponta da ferramenta é de cerca de 5,6-5,8 mm. O material das ferramentas utilizadas para a soldadura é o aço inoxidável. As imagens destas ferramentas são mostradas na Fig. 3.2

Fig. 3.2 Imagens das ferramentas utilizadas para FSW

3.3 DESCRIÇÃO DO MATERIAL DOPANTE E DO ALUMÍNIO SIMPLES

O ponto de fusão do Al simples é 660,3°C. Para dopar um metal no interior do Al, o ponto de fusão do metal dopante deve ser inferior ao do Al, ou seja, o metal de base. Assim, o metal dopado, juntamente com o metal de base, forma uma liga na junta soldada. Neste caso, utilizamos o chumbo e o zinco como metais dopantes. O ponto de fusão do zinco é de 419,5°C e o do chumbo é de 327,5°C. A mufla utilizada para fins experimentais está presente no LCET, Katani Kalan. A mufla utilizada para dopar o metal dentro do metal de base é mostrada na Fig. 3.3.

Fig 3.3 Imagem da mufla

O metal dopante é colocado nos orifícios que estão a ser perfurados antes de ser colocado no forno. A temperatura do forno é ajustada de modo a que o metal dopante seja dopado no interior do metal de base através de um processo de difusão em estado sólido. A temperatura do forno é fixada em cerca de 300 ± 5 °C para a dopagem do chumbo e 400 ± 5 °C para a dopagem do zinco metálico. A imagem das amostras durante a dopagem na mufla é mostrada na Fig. 3.4

Fig 3.4 Imagem das amostras colocadas na mufla para difusão em estado sólido

As amostras são mantidas na mufla durante cerca de uma hora para a difusão em estado sólido do metal dopante no interior do metal de base. A imagem do metal dopado após a difusão em estado sólido e após a remoção da mufla é mostrada na Fig. 3.5

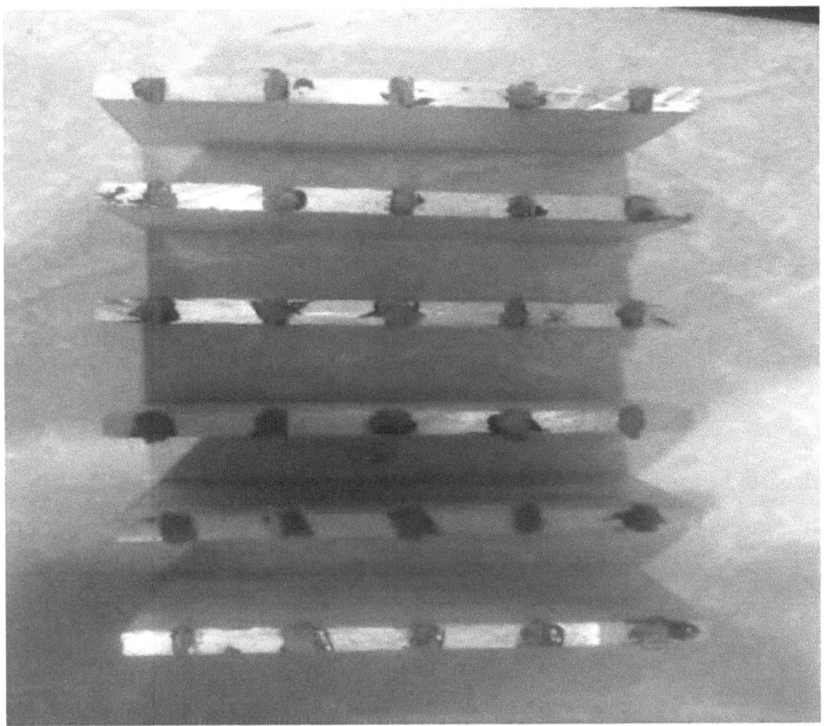

Fig. 3.5 Imagem das amostras depois de retiradas da mufla

3.4 MÁQUINA UTILIZADA PARA FSW

A máquina FSW em que as amostras foram soldadas tem um fuso de acionamento direto em linha com uma velocidade de até 12000 rotações por minuto e 1400 IPM e está presente no centro de I&D para bicicletas e máquinas de costura, Focal Point, Ludhiana. Trata-se basicamente de uma fresadora vertical utilizada para fabricar matrizes de vários componentes.

Fig. 3.6 Máquina de soldadura por fricção

As amostras foram fixadas no dispositivo de fixação utilizando as várias pinças. A máquina é ajustada à velocidade e aos parâmetros de alimentação necessários. A amostra de soldadura a ser soldada na máquina FSW é mostrada na Fig. 3.6

Fig. 3.7 Imagem da amostra durante a soldadura por FSW

3.5 AMOSTRAS SOLDADAS

Foram efectuadas várias experiências experimentais para encontrar a camada de cada parâmetro de entrada. Os limites dos parâmetros foram escolhidos de forma a que a junta não apresentasse defeitos. Os principais parâmetros que afectam as propriedades mecânicas das juntas soldadas FS estão resumidos na Tabela 1. As imagens das juntas soldadas são mostradas na Fig. 3.7

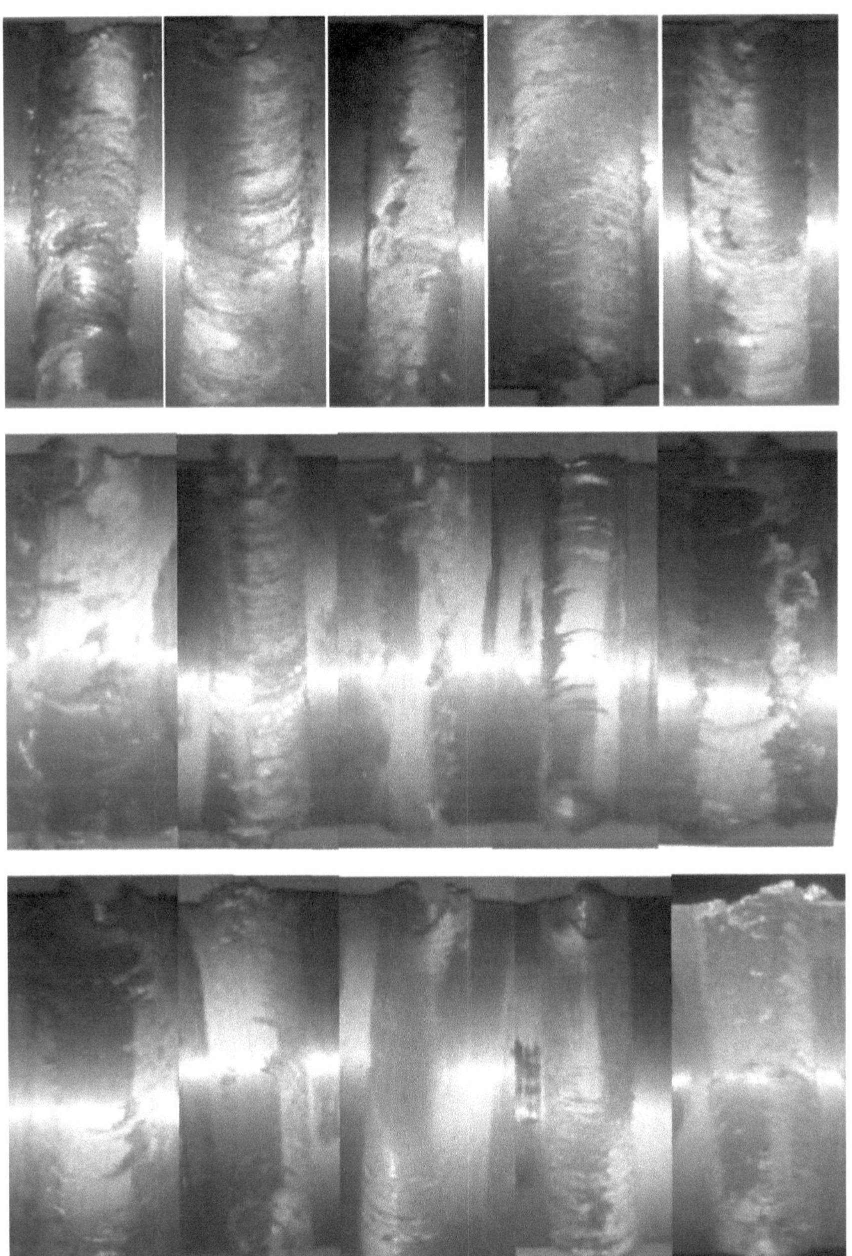

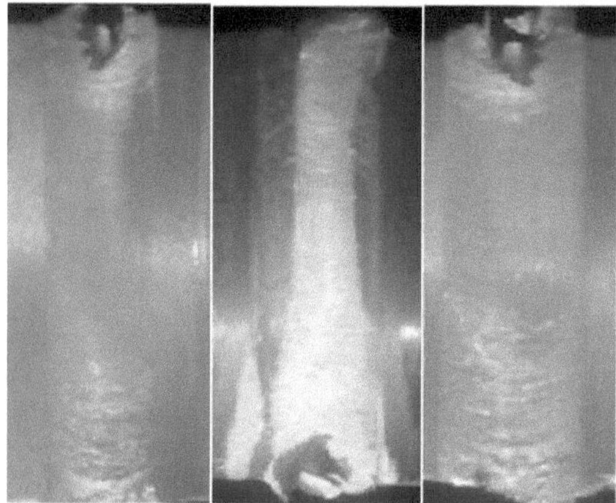

Fig. 3.8 Imagens das amostras soldadas

CAPÍTULO 4

RESULTADOS E ANÁLISE DA MICRODUREZA

4.1 INTRODUÇÃO

Os efeitos dos parâmetros, ou seja, a taxa de avanço, a velocidade de rotação da ferramenta, a forma da ferramenta e o material de dopagem foram avaliados utilizando a análise ANOVA e o design fatorial. Foi utilizado um nível de confiança de 99% para a análise. Uma repetição para cada 18 ensaios foi concluída para medir a relação sinal/ruído (relação S/N).

4.2 RESULTADOS PARA A MICRODUREZA

A medição da microdureza depende do diâmetro da indentação nas amostras. As amostras foram testadas com uma carga de 200gm. Os resultados da microdureza para cada uma das 18 condições de tratamento com repetição são apresentados na Tabela 4.1.

Quadro 4.1 Resultados para MICRO DUREZA

Julgamento não.	Taxa de alimentação mm/min	Velocidade de rotação da ferramenta (rpm)	Forma da ferramenta	Material dopante	Dureza	SNRA1	MEAN1
1.	35	850	TC	Pb	77	37.7298	77
2.	35	850	C	Zn	66	36.3909	66
3.	35	850	T	Pb + Zn	61	35.7066	61
4.	35	900	TC	Pb	80	38.0618	80
5.	35	900	C	Zn	66	36.3909	66
6.	35	900	T	Pb + Zn	63	35.9868	63
7.	35	1100	TC	Zn	65	36.2583	65
8.	35	1100	C	Pb + Zn	80	38.0618	80
9.	35	1100	T	Pb	68	36.6502	68
10.	45	850	TC	Pb + Zn	75	37.5012	75
11.	45	850	C	Pb	83	38.3816	83

12.	45	850	T	Zn	58	35.2686	58
13.	45	900	TC	Zn	64	36.1236	64
14.	45	900	C	Pb + Zn	78	37.8419	78
15.	45	900	T	Pb	70	36.9020	70
16.	45	1100	TC	Pb + Zn	76	37.6163	76
17.	45	1100	C	Pb	85	38.5884	85
18.	45	1100	T	Zn	61	35.7066	61

4.3 ANÁLISE DE VARIÂNCIA - MICRODUREZA

O resultado da microdureza foi analisado utilizando a ANOVA para identificar o fator significativo que afecta a medida de desempenho. A análise de variância ANOVA para a microdureza média com um intervalo de confiança de 97,2% é apresentada no Quadro 4.2. Os vários dados para cada fator e a sua interação foram avaliados pelo valor P para determinar a significância de cada um. O princípio do valor P é que, se o valor for inferior a 0,05, os factores ou interações são significativos; se o valor for superior a 0,05, os factores ou interações são insignificantes. A partir da tabela 4.3 da ANOVA para as médias, vemos que o valor P da taxa de alimentação é de 0,011, o valor P da forma da ferramenta é de 0,000 e o valor P do material de dobragem é de 0,000, estes factores são significativos, mas o valor P das RPM da ferramenta é de 0,070, o que é insignificante. Na tabela 4.4, são apresentadas as classificações para os diferentes factores. A classificação 1st é dada ao material de dopagem, o que significa que o material de dopagem tem a maior contribuição para a microdureza, a classificação 2nd é dada à forma da ferramenta, a classificação 3rd é dada à taxa de alimentação e a classificação 4th é dada às RPM da ferramenta, o que significa que as RPM da ferramenta têm a contribuição mínima para a microdureza.

Análise de modelos lineares: Médias versus Taxa de Avanço, RPM da Ferramenta, Forma da Ferramenta, Material Dopante

Tabela 4.2 Coeficientes estimados do modelo para as médias

Prazo	Coeff.	SE Coeff.	T	P	Estado
Constante	70.8889	0.4310	164.457	0.000	Significativo
Taxa de alimentação 35	-1.3333	0.4310	-3.093	0.011	Significativo
Ferramenta RPM	-0.8889	0.6096	-1.458	0.175	Insignificante

850					
Ferramenta RPM 900	-0.7222	0.6096	-1.185	0.264	Insignificante
Forma da ferramenta TC	1.9444	0.6096	3.190	0.010	Significativo
Forma da ferramenta C	5.4444	0.6096	8.931	0.000	Significativo
Dopagem M Pb	6.2778	0.6096	10.298	0.000	Significativo
Dopagem M Zn	-7.5556	0.6096	-12.394	0.000	Significativo

S = 1,829 R-Sq = 97,2% R-Sq(adj) = 95,3%

Tabela 4.3Análise de variância (ANOVA) para médias

Fonte	DF	Seq SS	Adj EM	F	P	SS	% Contribuição	Estado
Taxa de alimentação	1	32.00	32.000	9.57	0.011	32.00	2.654	Significativo
RPM da ferramenta	2	23.44	11.722	3.50	0.070	23.44	1.944	Insignificante
Forma da ferramenta	2	528.11	264.056	78.95	0.000	528.11	43.798	Significativo
Material de dopagem	2	588.78	294.389	88.02	0.000	588.78	48.829	Significativo
Erro residual	10	33.44	3.344	-	-	33.44	-	-
Total	17	1205.78	-	-	-	-	-	-
e-Pooled	10	33.45	3.345	-	-	-	-	-

Tabela 4.4 Tabela de resposta para as médias

Nível	Taxa de alimentação	RPM da ferramenta	Forma da ferramenta	Material de dopagem
1	69.56	70.00	72.83	77.17

2	72.22	70.17	76.33	63.33
3	-	72.50	63.50	72.17
Delta	2.67	2.50	12.83	13.83
Classificação	3	4	2	1

Tabela 4.5 Observações invulgares para as médias

Observação	Meios	Em forma	SE Fit	Residual	St Residual
4	80.000	77.056	1.219	2.944	2.16 R

R representa uma observação com um resíduo padronizado grande.

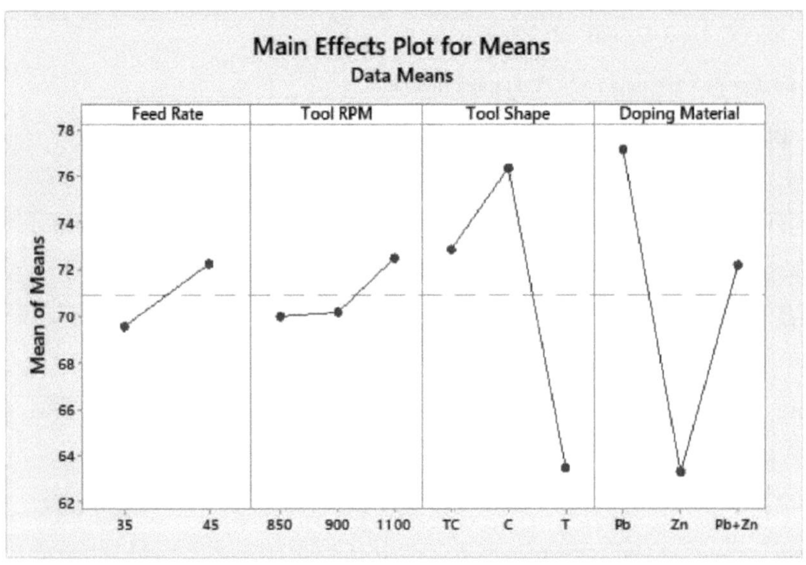

Fig: 4.1 Gráfico dos efeitos principais da microdureza para as médias

Na figura 4.1, vemos que a microdureza é maior com um avanço de 45 mm/min em comparação com um avanço de 35 mm/mm. Das 850, 900 e 1100 RPM da ferramenta, 1100 RPM da ferramenta dão a microdureza máxima em comparação com 850 e 900 RPM. Entre as três formas de ferramentas, ou seja, TC, C, T, a ferramenta cilíndrica dá o valor máximo de microdureza, a cilíndrica cónica dá um pouco menos e a ferramenta triangular dá o valor mínimo de microdureza. Entre os materiais de dopagem, isto é, Pb, Zn e Pb+Zn. O material de dopagem mais eficaz é o Pb, um pouco menos eficaz é o Pb+Zn e o menos eficaz de todos é o Zn.

4.4 RESULTADOS PARA O RÁCIO S/N DA MICRODUREZA

O rácio S/N consolida várias repetições num único valor e é uma indicação da quantidade de variação presente. Os rácios S/N foram calculados para identificar os principais factores que contribuem para a variação da microdureza. A microdureza é uma resposta do tipo "quanto maior, melhor", que é dada por:

$$(\tfrac{S}{N})_{HB} = -10 \log(MSD_{HB}) \quad (Equation....4.1)$$

$$\text{Where } MSD_{HB} = \tfrac{1}{r}\sum_{j=1}^{r}\left(\tfrac{1}{y_j^2}\right) \qquad (Equation....4.2)$$

MSD_{HB} = Desvio Quadrático Médio para a resposta mais elevada que a melhor.

Tabela 4.6 Tabela de resposta para rácios sinal/ruído

Maior é melhor

Nível	Taxa de alimentação	RPM da ferramenta	Forma da ferramenta	Material de dopagem
1	36.80	36.83	37.22	37.72
2	37.10	36.88	37.61	36.02
3	-	37.15	36.04	37.12
Delta	0.30	0.32	1.57	1.70
Classificação	4	3	2	1

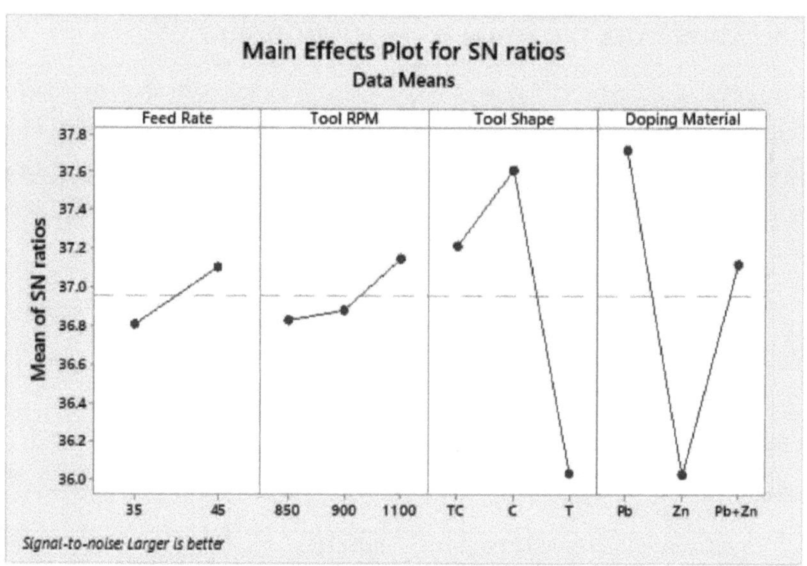

Fig: 4.2 Gráfico dos efeitos principais da microdureza para o rácio S/N

Na figura 4.2, vemos que a microdureza é maior com uma velocidade de avanço de 45 mm/min em comparação com uma velocidade de avanço de 35 mm/mm. Das 850, 900 e 1100 RPM da ferramenta, 1100 RPM da ferramenta dão a microdureza máxima em comparação com 850 e 900 RPM. Entre as três formas de ferramentas, ou seja, TC, C, T, a ferramenta cilíndrica dá o valor máximo de microdureza, a cilíndrica cónica dá um pouco menos e a ferramenta triangular dá o valor mínimo de microdureza. Entre os materiais de dopagem, isto é, Pb, Zn e Pb+Zn. O material de dopagem mais eficaz é o Pb, um pouco menos eficaz é o Pb+Zn e o menos eficaz de todos é o Zn.

4.5 CONCEPÇÃO OPTIMIZADA PARA MICRODUREZA

O mesmo nível de todos os factores significativos proporciona um valor médio mais elevado e uma variabilidade reduzida, pelo que nada tem de ser comprometido. O nível dos factores que melhoram a média e a uniformidade pode entrar em conflito, pelo que pode ser necessário chegar a um compromisso. Também tem de se chegar a um compromisso quando são consideradas várias respostas e o mesmo nível de fator pode fazer com que uma resposta melhore e outra se deteriore.

Nesta análise experimental, o gráfico do efeito principal da Fig. 4.1 é utilizado para estimar a microdureza média. A partir da tabela 4.7, conclui-se que a microdureza mais elevada foi observada quando a velocidade de avanço é de 45 mm/min, a forma da ferramenta é cilíndrica e o material dopante é Pb (chumbo).

Tabela 4.7 Factores significativos

Fator	Média de afetação		Afetar a variação	
	Contribuição	Melhor nível	Contribuição	Melhor nível
Taxa de alimentação, A	Significativo	Nível-2(45)	Significativo	Nível-2(45)
RPM da ferramenta, B	Insignificante	Nível-3(1100)	Insignificante	Nível-3(1100)
Forma da ferramenta, C	Significativo	Nível 2(C)	Significativo	Nível 2(C)
Material de dopagem, D	Significativo	Nível-1(Pb)	Significativo	Nível-1(Pb)

Na análise experimental, a microdureza é uma resposta média mais elevada é melhor (HB) caraterística. Dependendo da caraterística, foram selecionadas diferentes combinações de tratamento para obter resultados satisfatórios. Após a realização das experiências, a condição óptima de tratamento no âmbito das experiências, determinada com base na combinação prescrita de níveis de factores, é determinada para uma das condições da experiência.

Valor médio da microdureza

$$\mu_{A_2 B_3 C_2 D_1} = A_2 + B_3 + C_2 + D_1 - 4T \qquad (\text{Equation}....4.3)$$
$$= 72.22 + 72.50 + 76.33 + 77.17 - 4 \times 70.89 = 14.66 \text{ HVN}$$

Intervalo de confiança em torno da média estimada

O intervalo de confiança é um valor máximo e mínimo entre os quais a média verdadeira deve situar-se com uma determinada percentagem de confiança. A estimativa da média μ é apenas uma estimativa pontual baseada nas médias dos resultados obtidos na experiência. Estatisticamente, isto proporciona uma probabilidade de 50% de as médias verdadeiras serem superiores a μ e uma probabilidade de 50% de a média verdadeira ser inferior a μ. Intervalo de confiança em torno da média estimada da microdureza

$$CI_1 = \sqrt{(F_{\alpha,V_1,V_2} V_e)/n_{eff}}$$

Em que Fα $_{v_1 v_2}$- Rácio F α = Risco (0,01) Confiança = 1-α

V1 = DOF para a média que é sempre = 1

V2 = DOF para o erro = Ve

η_{eff}= Número de ensaios nessa condição utilizando os factores participantes

η_{eff}= (N/ 1+ DOF$_{A2B3C2D1}$) = 18/ 1+1+2+2+2 = 2.25

$$CI_1 = \sqrt{(4.512 \ X \ 5.54)/2.25} = 1.5$$

Assim, o intervalo de confiança em torno da microdureza é dado por 14,66 + 1,5 HVN.

CAPÍTULO 5

RESULTADOS E ANÁLISE DA RESISTÊNCIA À TRACÇÃO

5.1 INTRODUÇÃO

Os efeitos dos parâmetros, ou seja, a taxa de avanço, a velocidade de rotação da ferramenta, a forma da ferramenta e o material de dopagem foram avaliados utilizando a análise ANOVA e o design fatorial. Foi utilizado um nível de confiança de 99% para a análise. Uma repetição para cada 18 ensaios foi concluída para medir a relação sinal/ruído (relação S/N).

5.2 RESULTADOS PARA A RESISTÊNCIA À TRACÇÃO

Os resultados da resistência à tração para cada uma das 18 condições de tratamento com repetição são apresentados na Tabela 5.1.

Tabela 5.1 Resultados da resistência à tração

Julgamento não.	Taxa de alimentação mm/min	Velocidade de rotação da ferramenta (rpm)	Forma da ferramenta	Material dopante	Resistência à tração (MPa)	SNRA2	MEAN2
1.	35	850	TC	Pb	45.6	33.1793	45.6
2.	35	850	C	Zn	36.9	31.3405	36.9
3.	35	850	T	Pb + Zn	32.6	30.2644	32.6
4.	35	900	TC	Pb	46.9	33.4235	46.9
5.	35	900	C	Zn	37.2	31.4109	37.2
6.	35	900	T	Pb + Zn	34.5	30.7564	34.5
7.	35	1100	TC	Zn	35.4	30.9801	35.4
8.	35	1100	C	Pb + Zn	45.2	33.1028	45.2
9.	35	1100	T	Pb	40.1	32.0629	40.1
10.	45	850	TC	Pb + Zn	40.5	32.1491	40.5
11.	45	850	C	Pb	48.8	33.7684	48.8

12.	45	850	T	Zn	26.5	28.4649	26.5
13.	45	900	TC	Zn	34.2	30.6805	34.2
14.	45	900	C	Pb + Zn	43.1	32.6895	43.1
15.	45	900	T	Pb	39.1	31.8435	39.1
16.	45	1100	TC	Pb + Zn	41.3	32.3190	41.3
17.	45	1100	C	Pb	51.5	34.2361	51.5
18.	45	1100	T	Zn	29.6	29.4258	29.6

5.3 ANÁLISE DE VARIÂNCIA - RESISTÊNCIA À TRACÇÃO

O resultado da resistência à tração foi analisado utilizando a ANOVA para identificar o fator significativo que afecta a medida de desempenho. A análise de variância ANOVA para a resistência média à tração com um intervalo de confiança de 99,4% é apresentada no Quadro 5.2. Os vários dados para cada fator e a sua interação foram avaliados pelo valor P para determinar a significância de cada um. O princípio do valor P é que, se o valor for inferior a 0,05, os factores ou interações são significativos; se o valor for superior a 0,05, os factores ou interações são insignificantes. A partir da tabela 5.3 da ANOVA para as médias, vemos que o valor P da taxa de alimentação é 0,944, o que é insignificante, o valor P das RPM da ferramenta é 0,001, o valor P da forma da ferramenta é 0,000 e o valor P do material de dobragem é 0,000, estes factores são significativos. Na tabela 5.4, são apresentadas as classificações para os diferentes factores. A classificação 1st é dada ao material de dopagem, o que significa que o material de dopagem tem a maior contribuição para a resistência à tração, a classificação 2nd é dada à forma da ferramenta, a classificação 3rd é dada às RPM da ferramenta e a classificação 4th é dada à taxa de alimentação, o que significa que a taxa de alimentação tem a contribuição mínima para a resistência à tração.

Análise de modelos lineares: Médias versus Taxa de Avanço, RPM da Ferramenta, Forma da Ferramenta, Material Dopante

Tabela 5.2 Coeficientes estimados do modelo para as médias

Prazo	Coeff.	SE Coeff.	T	P	Estado
Constante	39.3889	0.1538	256.172	0.000	Significativo
Taxa de alimentação 35	-0.0111	0.1538	-0.072	0.944	Insignificante

RPM da ferramenta 850	-0.9056	0.2174	-4.164	0.002	Significativo
RPM da ferramenta 900	-0.2222	0.2174	-1.022	0.331	Insignificante
Forma da ferramenta TC	1.2611	0.2174	5.800	0.000	Significativo
Forma da ferramenta C	4.3944	0.2174	20.209	0.000	Significativo
Dopagem M Pb	5.9444	0.2174	27.337	-	-
Dopagem M Zn	-6.0889	0.2174	-28.001	0.000	Significativo

S = 0,6523R-Sq   = 99,4%R-Sq   (adj) = 99,1%

Tabela 5.3 Análise de variância para as médias

Fonte	DF	Seq SS	Adj EM	F	P	SS	% Contribuição	Estado
Taxa de alimentação	1	0.002	0.002	0.01	0.944	0.002	0.003	Insignificante
Ferramenta RPM	2	12.848	6.424	15.10	0.001	12.848	1.671	Significativo
Forma da ferramenta	2	317.321	158.661	372.83	0.000	317.321	41.263	Significativo
Material de dopagem	2	434.591	217.296	510.62	0.000	434.591	56.512	Significativo
Erro residual	10	4.256	0.426	-	-	4.256	-	Significativo
Total	17	769.018	-	-	-	-	-	Significativo
e-Pooled	10	4.256	0.4256	-	-	-	-	-

Tabela 5.4 Tabela de resposta para as médias

Nível	Taxa de alimentação	RPM da ferramenta	Forma da ferramenta	Material de dopagem
1	39.38	38.48	40.65	45.33
2	39.40	39.17	43.78	33.30
3	-	40.52	33.73	39.53
Delta	0.02	2.03	10.05	12.03
Classificação	4	3	2	1

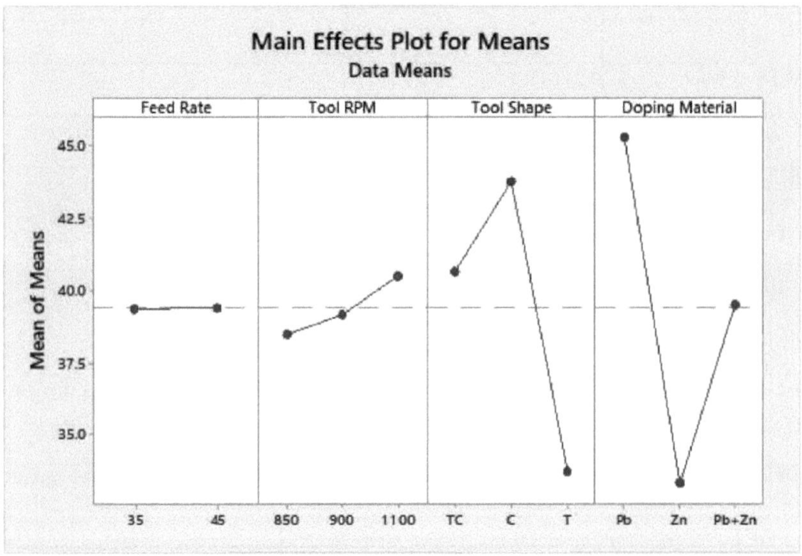

Fig: 5.1 Gráfico dos efeitos principais da resistência à tração para as médias

Na figura 5.1, vemos que a resistência à tração é maior com uma taxa de avanço de 45 mm/min em comparação com uma taxa de avanço de 35 mm/mm. Das 850, 900 e 1100 RPM da ferramenta, 1100 RPM da ferramenta dão a máxima resistência à tração em comparação com 850 e 900 RPM. Entre as três formas de ferramentas, ou seja, TC, C, T, a ferramenta cilíndrica dá o valor máximo de resistência à tração, a ferramenta cilíndrica cónica dá um pouco menos e a ferramenta triangular dá o valor mínimo de resistência à tração. Entre os materiais de dopagem, isto é, Pb, Zn e Pb+Zn. O material de dopagem mais eficaz é o Pb, um pouco menos eficaz é o Pb+Zn e o menos eficaz de todos é o Zn.

5.4 RESULTADOS PARA O RÁCIO S/N DA RESISTÊNCIA À TRACÇÃO

O rácio S/N consolida várias repetições num único valor e é uma indicação da quantidade de variação presente. Os rácios S/N foram calculados para identificar os principais factores que contribuem para a variação da resistência à tração. A resistência à tração é uma resposta do tipo "quanto maior, melhor", que é dada por:

$$\left(\frac{S}{N}\right)_{HB} = -10\log(MSD_{HB}) \qquad (Equation....5.1)$$

$$\text{Where } MSD_{HB} = \frac{1}{r}\sum_{j=1}^{r}\left(\frac{1}{y_j^2}\right) \qquad (Equation....5.2)$$

MSD_{HB} = Desvio Quadrático Médio para a resposta mais elevada que a melhor.

Análise de modelo linear: Rácios SN versus Avanço, RPM da Ferramenta, Forma da Ferramenta, Material de Dopagem

Tabela 5.5 Coeficientes estimados do modelo para os rácios de SN

Prazo	Coeff.	SE Coeff.	T	P
Constante	31.7832	0.03934	807.979	0.0000
Taxa de alimentação 35	0.0524	0.03934	1.333	0.212
Ferramenta RPM 850	-0.2554	0.05563	-4.592	0.001
Ferramenta RPM 900	0.0175	0.05563	0.315	0.759
Forma da ferramenta TC	0.3387	0.05563	6.089	0.0000
Forma da ferramenta C	0.9748	0.05563	17.524	0.0000
Dopagem M Pb	1.3024	0.05563	23.412	0.0000
Dopagem M Zn	-1.3994	0.05563	-25.156	0.0000

S = 0,1669R-Sq = 99,3%R-Sq (adj)= 98,8%

Tabela 5.6 Análise de variância para os rácios SN

Fonte	DF	Seq SS	Adj EM	F	P	SS	% Contribuição	Estado

		0.0495	0.0495	1.78	0.212	0.0495	0.1244	Insignificante
Taxa de alimentação	1	0.0495	0.0495	1.78	0.212	0.0495	0.1244	Insignificante
RPM da ferramenta	2	0.7329	0.3665	13.16	0.002	0.7329	1.8420	Significativo
Forma da ferramenta	2	16.7427	8.3713	300.56	0.000	16.7427	42.0797	Significativo
Material de dopagem	2	21.9844	10.9922	394.65	0.000	21.9844	55.2538	Significativo
Erro residual	10	0.2785	0.0279	-	-	0.2785	0.6999	-
Total	17	39.7880	-	-	-	-	-	-
e-Pooled	10	0.2785	0.0278	-	-	-	-	-

Tabela 5.7 Observações invulgares Rácios de SN

Observação	Rácio SN	Em forma	SE Fit	Residual	St Residual
12	28.465	28.762	0.111	-0.297	-2.39 R

R representa uma observação com um resíduo padronizado grande.

Tabela 5.8 Tabela de respostas para os rácios sinal/ruído Maior é melhor

Nível	Taxa de alimentação	RPM da ferramenta	Forma da ferramenta	Material de dopagem
1	31.84	31.53	32.12	33.09
2	31.73	31.80	32.76	30.38
3	-	32.02	30.47	31.88
Delta	0.10	0.49	2.29	2.70
Classificação	4	3	2	1

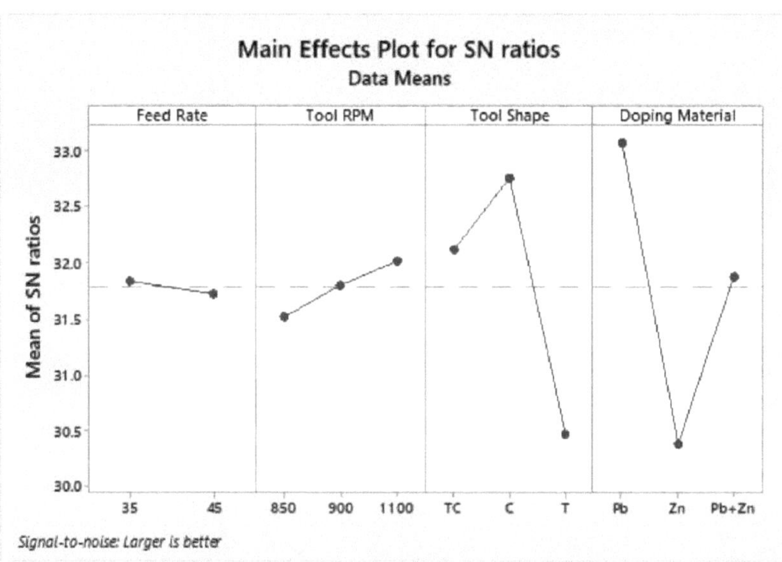

Fig: 5.2 Gráfico dos efeitos principais da resistência à tração para o rácio S/N

Na figura 5.2, vemos que a resistência à tração é maior com uma taxa de avanço de 35 mm/min em comparação com uma taxa de avanço de 45 mm/mm. Das 850, 900 e 1100 RPM da ferramenta, 1100 RPM da ferramenta dão a máxima resistência à tração em comparação com 850 e 900 RPM. Entre as três formas de ferramentas, ou seja, TC, C, T, a ferramenta cilíndrica dá o valor máximo de resistência à tração, a ferramenta cilíndrica cónica dá um pouco menos e a ferramenta triangular dá o valor mínimo de resistência à tração. Entre os materiais de dopagem, isto é, Pb, Zn e Pb+Zn. O material de dopagem mais eficaz é o Pb, um pouco menos eficaz é o Pb+Zn e o menos eficaz de todos é o Zn.

5.5 CONCEPÇÃO OPTIMIZADA PARA RESISTÊNCIA À TRACÇÃO

O mesmo nível de todos os factores significativos proporciona um valor médio mais elevado e uma variabilidade reduzida, pelo que nada tem de ser comprometido. O nível dos factores que melhoram a média e a uniformidade pode entrar em conflito, pelo que pode ser necessário chegar a um compromisso. Também tem de se chegar a um compromisso quando são consideradas várias respostas e o mesmo nível de fator pode fazer com que uma resposta melhore e outra se deteriore.

Nesta análise experimental, o gráfico do efeito principal na Fig. 5.1 é utilizado para estimar a resistência média à tração. A partir da tabela 5.9, conclui-se que a maior resistência à tração foi observada quando a velocidade de avanço é de 72,22 mm/min, as RPM da ferramenta são de 1100, a forma da ferramenta é cilíndrica e o material de dopagem é Pb (chumbo).

Tabela 5.9 Factores significativos

Fator	Média de afetação		Afetar a variação	
	Contribuição	Melhor nível	Contribuição	Melhor nível
Taxa de alimentação, A	Significativo	Nível-2(45)	Significativo	Nível-2(45)
RPM da ferramenta, B	Significativo	Nível-3(1100)	Significativo	Nível-3(1100)
Forma da ferramenta, C	Significativo	Nível 2(C)	Significativo	Nível 2(C)
Material de dopagem, D	Significativo	Nível-1(Pb)	Significativo	Nível-1(Pb)

Na análise experimental, a resistência à tração é uma resposta média mais elevada é melhor (HB) caraterística. Dependendo da caraterística, foram selecionadas diferentes combinações de tratamento para obter resultados satisfatórios. Após a realização das experiências, a condição óptima de tratamento no âmbito das experiências, determinada com base na combinação prescrita dos níveis dos factores, é determinada como uma das condições da experiência.

Valor médio da resistência à tração

$$\mu_{A_2B_3C_2D_1} = A_2 + B_3 + C_2 + D_1 - 4T \qquad \text{(Equation....4.3)}$$
$$= 39.40 + 40.52 + 43.78 + 45.33 - 4 \times 39.389 = 11.474 \text{ MPa}$$

Intervalo de confiança em torno da média estimada

O intervalo de confiança é um valor máximo e mínimo entre os quais a média verdadeira deve situar-se com uma determinada percentagem de confiança. A estimativa da média μ é apenas uma estimativa pontual baseada nas médias dos resultados obtidos na experiência. Estatisticamente, isto proporciona uma probabilidade de 50% de as médias verdadeiras serem superiores a μ e uma probabilidade de 50% de a média verdadeira ser inferior a μ. Intervalo de confiança em torno da média estimada da resistência à tração

$$CI_1 = \sqrt{(F_{\alpha,V_1,V_2} V_e)/n_{eff}}$$

Where $F_{\alpha V_1 V_2}$ = F ratio

α = Risk (0.01) Confidence = 1-α

V_1 = DOF for mean which is always = 1

V_2 = DOF for error = Ve

η_{eff} = Number of tests under that condition using the participating factors

η_{eff} = (N/ 1+ DOF$_{A2B3C2D1}$) = 18/ 1+1+2+2+2 = 2.25

$$CI_1 = \sqrt{(4.512 \, X \, 5.54)/2.25} = 1.5$$

Assim, o intervalo de confiança em torno da microdureza é dado por11,474 + 1,5MPa.

CAPÍTULO 6

MICROSCÓPIO ELECTRÓNICO DE VARRIMENTO (SEM)

6.1 ANÁLISE DA MICROESTRUTURA

A análise da microestrutura foi realizada em algumas amostras selecionadas utilizando o microscópio eletrónico de varrimento para estudar a alteração da microestrutura das amostras soldadas. As amostras foram preparadas de acordo com a norma antes da análise SEM em três ampliações diferentes, nomeadamente, 150×, 300× e 600×.

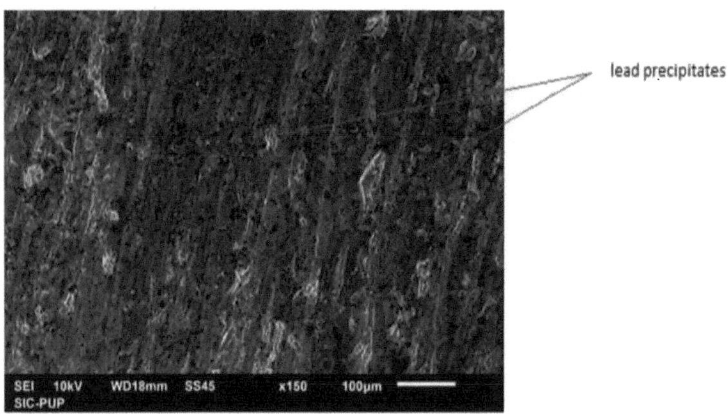

Fig 6.1 Micrografia SEM a 150× do alumínio dopado com Pb

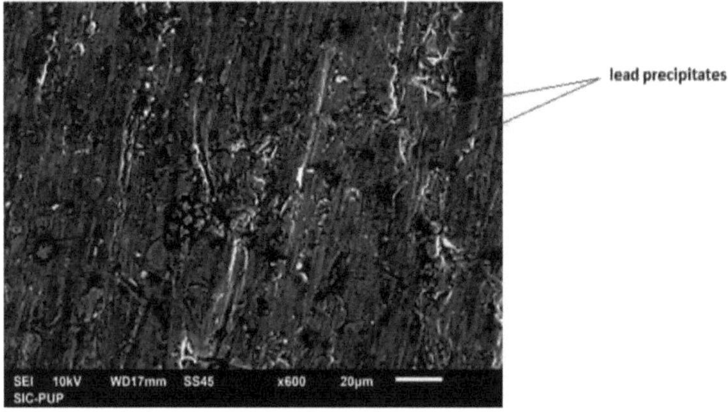

Fig. 6.2 Micrografia SEM a 600× do alumínio dopado com Pb

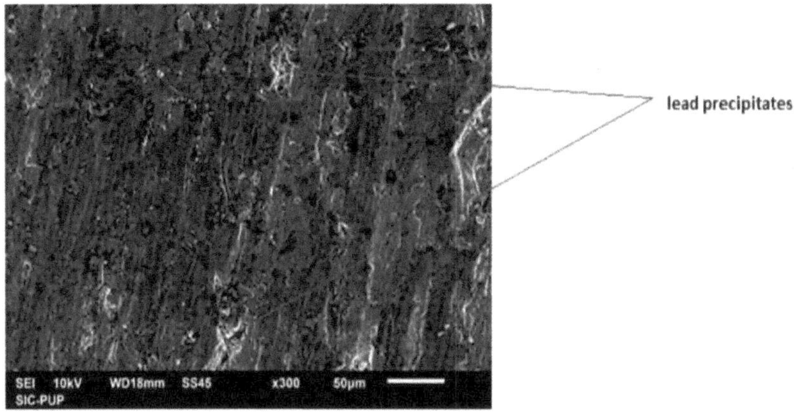

Fig 6.3 Micrografia SEM a 300× do alumínio dopado com Pb

A amostra de alumínio dopado com chumbo soldada por fricção e analisada em três ampliações diferentes, nomeadamente 150×, 300× e 600×, mostra a formação de grãos muito finos após o processo de soldadura por fricção.

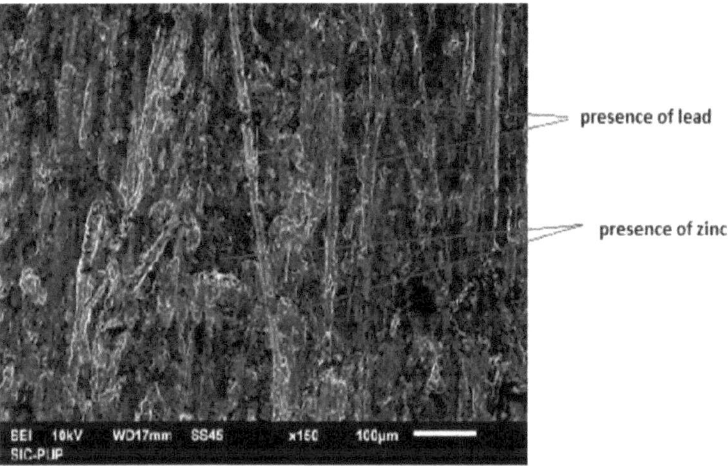

Fig 6.4 Micrografia SEM a 150× do alumínio dopado com Pb e Zn

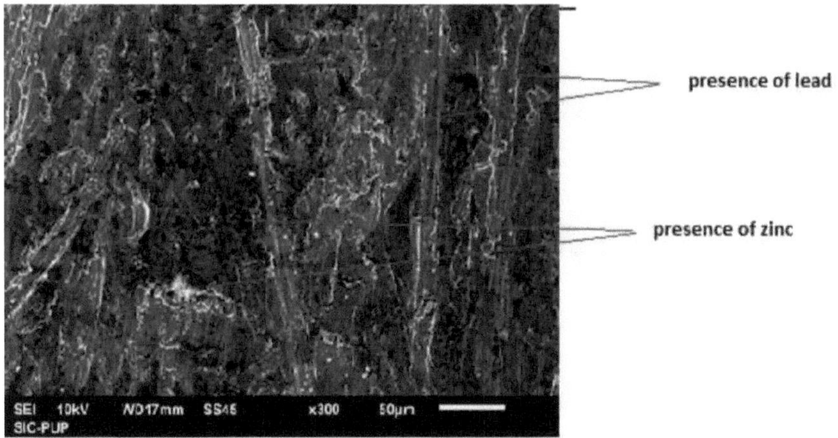

Fig 6.5 Micrografia SEM a 300× de alumínio dopado com Pb e Zn

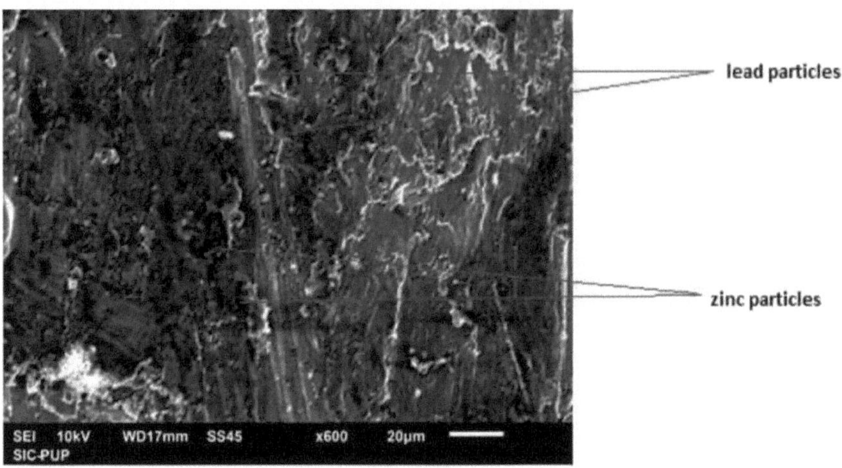

Fig. 6.6 Micrografia SEM a 600× de alumínio dopado com Pb e Zn

A amostra soldada por fricção de alumínio dopado com chumbo e zinco, analisada em três ampliações diferentes, nomeadamente, 150×, 300× e 600×, mostra a formação de menos fissuras, mas menos grãos finos, após o processo de soldadura por fricção.

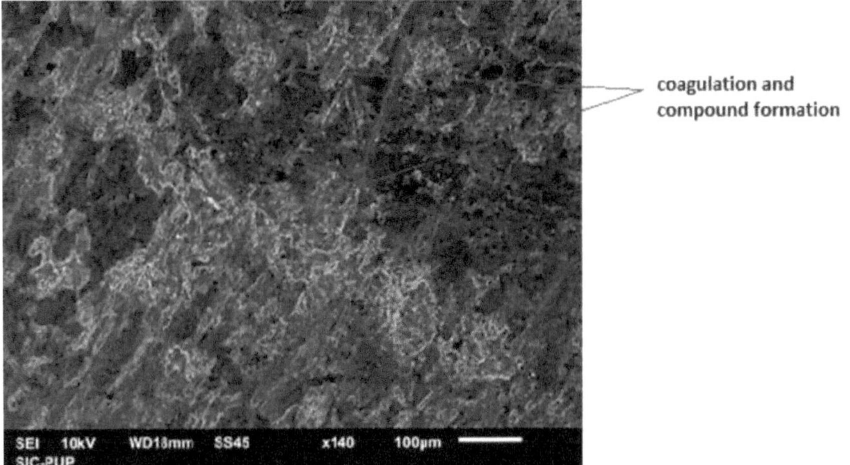

Fig 6.7 Micrografia SEM a 140× do alumínio dopado com Pb

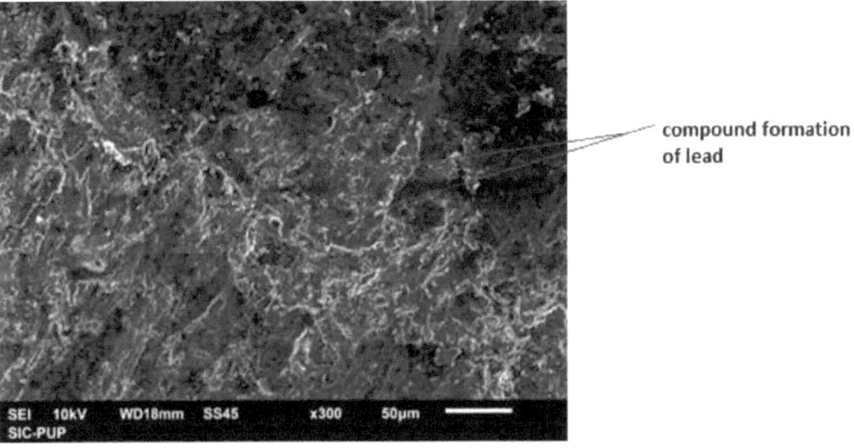

Fig 6.8 Micrografia SEM a 300× do alumínio dopado com Pb

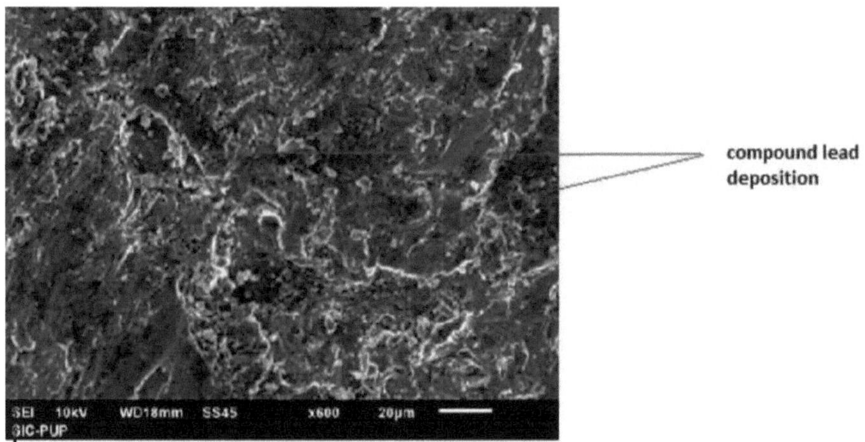

Fig. 6.9 Micrografia SEM a 600× do alumínio dopado com Pb

A amostra de alumínio dopado com chumbo soldada por fricção, analisada em três ampliações diferentes, nomeadamente, 140×, 300× e 600×, mostra a formação de grãos grosseiros devido a uma menor rotação da ferramenta após o processo de soldadura por fricção.

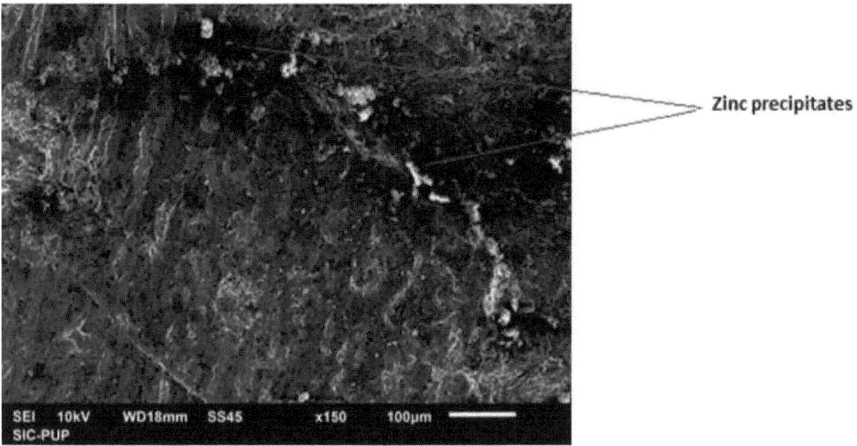

Fig. 6.10 Micrografia SEM a 150× alumínio dopado com Zn

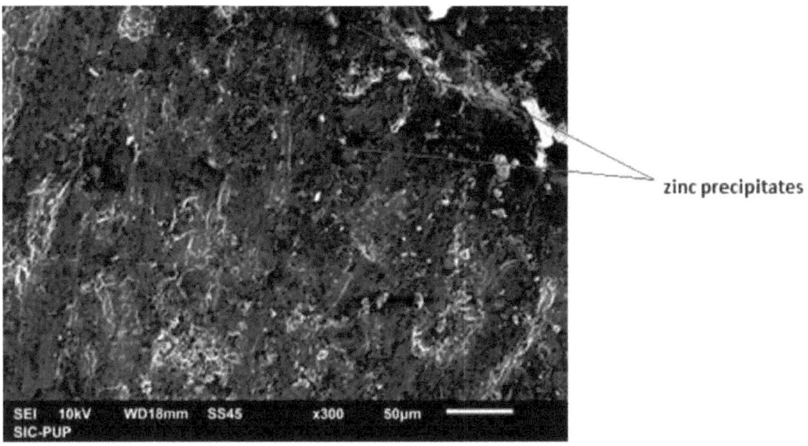

Fig 6.11 Micrografia SEM a 300× do alumínio dopado com Zn

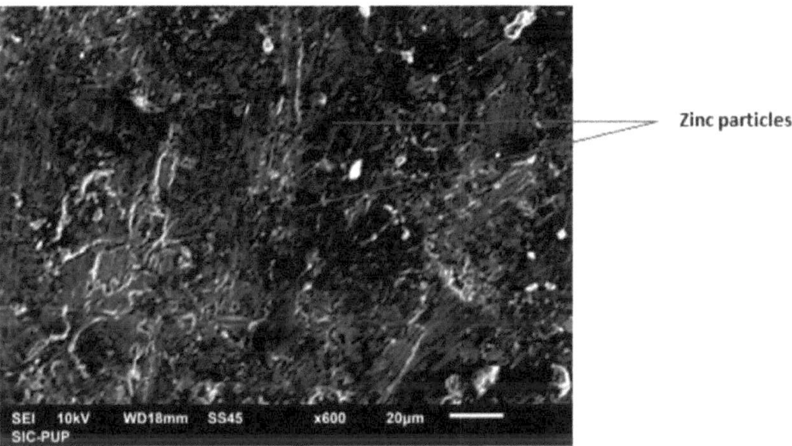

Fig 6.12 Micrografia SEM a 600× do alumínio dopado com Zn

A amostra de alumínio dopado com zinco soldada por fricção, analisada em três ampliações diferentes, nomeadamente 150×, 300× e 600×, mostra a formação de grãos muito grosseiros após o processo de soldadura por fricção.

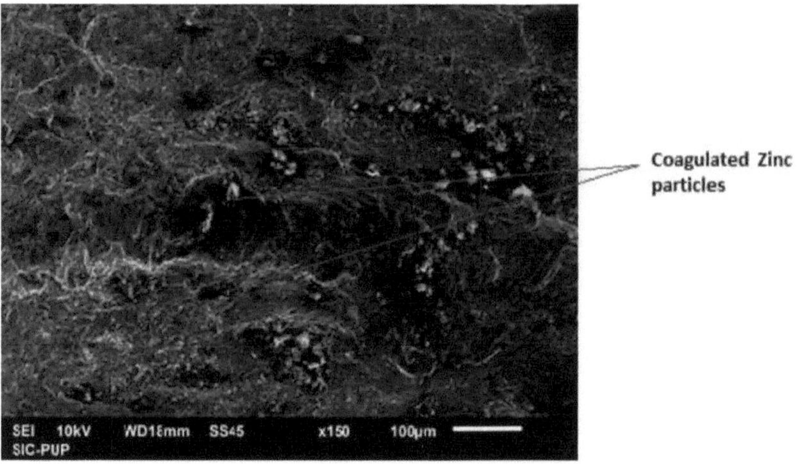

Fig. 6.13 Micrografia SEM a 150× alumínio dopado com Zn

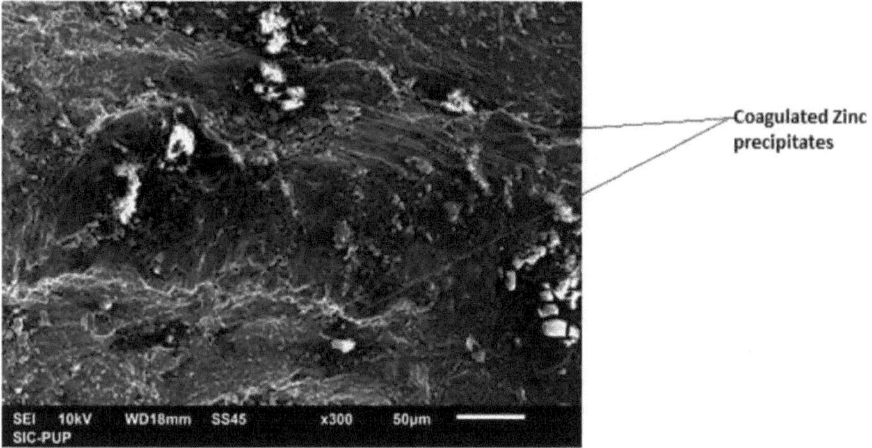

Fig 6.14 Micrografia SEM a 300× do alumínio dopado com Zn

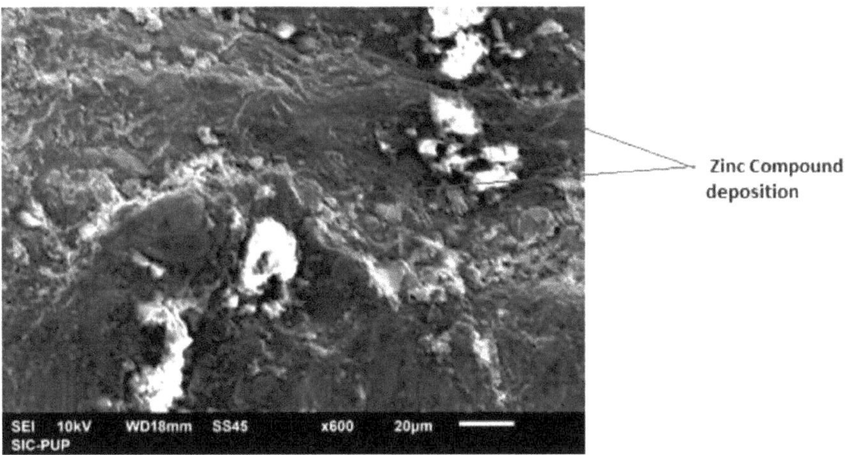

Fig 6.15 Micrografia SEM a 600× do alumínio dopado com Zn

A amostra de alumínio dopado com zinco soldada por fricção, analisada em três ampliações diferentes, nomeadamente 150×, 300× e 600×, mostra os precipitados de zinco com estrutura de grão grosseiro após o processo de soldadura por fricção.

CAPÍTULO 7

RESULTADOS, CONCLUSÕES E RECOMENDAÇÕES

7.1 RESULTADOS

O efeito dos parâmetros, ou seja, a taxa de alimentação, as RPM da ferramenta, a forma da ferramenta e o material de dopagem foram avaliados utilizando a análise ANOVA e o desenho fatorial. O objetivo da AMOVA era identificar os parâmetros importantes na previsão da microdureza e da resistência à tração. Alguns resultados consolidados a partir da ANOVA e dos gráficos são apresentados de seguida:

7.1.1 MICRO DUREZA

A taxa de avanço (valor F 9,57), a forma da ferramenta (valor F 78,95) e o material de dobragem (valor F 88,02) foram os factores que afectaram significativamente a microdureza.

O valor médio estimado da microdureza quando a velocidade de avanço é de 45 mm/min, a forma da ferramenta é cilíndrica e o material dopante é Pb, com um intervalo de confiança de 97,2%, é de 14,66±1,5 hvn.

7.1.2 RESISTÊNCIA À TRACÇÃO

As RPM da ferramenta (valor f 15,10), a forma da ferramenta (valor F 372,8) e o material de dobragem (valor F 510,62) foram os factores que afectaram significativamente a resistência à tração.

O valor médio estimado da resistência à tração quando se consideraram as RPM 1100, a forma cilíndrica da ferramenta e o material dopante Pb, com um intervalo de confiança de 99,4%, foi de 11,474 ± 1,5 MPa.

7.1.3 ANÁLISE DA MICROESTRUTURA

Micrografia SEM realizada em algumas amostras selecionadas com três ampliações diferentes, nomeadamente a 150 ×, 300 × e 600 ×. Observou-se que foram obtidas amostras sem defeitos e com estalidos com o perfil cilíndrico da ferramenta e dopagem com Pb. As amostras com formação de grão fino também foram observadas com dopagem de Pb e RPM mais alta. Foram observados precipitados coagulados nas amostras soldadas com ferramenta triangular e dopagem com Zn.

7.2 CONCLUSÕES

O presente estudo foi realizado para estudar o efeito de materiais dopantes como o chumbo e o zinco na resistência à tração, na dureza e na microestrutura das amostras de alumínio soldadas por fricção. O estudo permitiu tirar as seguintes conclusões:

*   A microdureza e a resistência à tração são principalmente afectadas pelo material dopante.

*   A dopagem de Pb (chumbo) permite aumentar a microdureza.

*   É possível obter uma maior resistência à tração através da dopagem de Pb (chumbo).

*   Todas as amostras soldadas mostraram melhorias na microdureza quando a dopagem é efectuada com Pb (chumbo) e o valor máximo de microdureza é de 85 hvn.

*   A microdureza também é afetada pela forma da ferramenta. A dureza da amostra dopada com chumbo e soldada com uma ferramenta cilíndrica dá a dureza máxima, enquanto a dopada com zinco e soldada com uma ferramenta de perfil triangular dá a dureza mínima.

*   A resistência à tração da amostra dopada com chumbo e soldada com uma ferramenta cilíndrica dá a máxima resistência à tração.

*   As RPM da ferramenta têm um efeito muito menor na resistência à tração.

*   As fissuras são observadas nas amostras soldadas com uma ferramenta triangular.

*   As amostras soldadas por ferramenta cilíndrica e dopadas com chumbo apresentam crepitação e uma estrutura de grão fino.

7.3 RECOMENDAÇÕES PARA TRABALHOS FUTUROS

Apenas o alumínio simples foi utilizado como metal de base para o processo FSW. Outros materiais, como as ligas de alumínio das séries 2xxx, 5xxx, 6xxx, etc., podem ser utilizados como metal de base. Apenas dois materiais, o Pb e o Zn, foram utilizados como materiais dopantes. Outros materiais, como o estanho, o bismuto, etc., também podem ser utilizados como materiais dopantes. A taxa de alimentação, as RPM da ferramenta e os perfis da ferramenta também podem ser variados.

REFERÊNCIAS

1. Thomas, WM; Nicholas, ED; Needham, JC; Murch, MG; Temple-Smith, P; Dawes, CJ. *Friction-stir butt welding*, GB Patent No. 9125978.8, International patent application No. PCT/GB92/02203, (1991)

2. http://en.wikipedia.org/wiki/File:Anand-FSW-Figure1-A.jpg

3. http://en.wikipedia.org/wiki/File:Anand-FSW-Figure1-B.jpg

4. W. Tang, X. Guo, J. C. McClure e L. E. Murr: *J. Mater. Process. Manuf. Sci.*, 1999, **7**, 163172.

5. M. W. Mahoney, C. G. Rhodes, J. G. Flintoff, R. A. Spurling e W. H. Bingel: *Metall. Mater. Trans. A*, 1998,**29A**, 1955-1964.

6. A. P. Reynolds, W. D. Lockwood e T. U. Seidel: *Mater. Sci. Forum*, 2000, **331-337**, 17191724.

7. L. E. Murr, G. Liu e J. C. McClure: *J. Mater. Sci.*, 1998, **33**, 1243-1251.

8. G. J. Bendszak, T. H. North e C. B. Smith: Proc. 2nd Int. Symp. on 'Friction stir welding', Gotemburgo, Suécia, junho de 2000, TWI.

9. K. A. A. Hassan, P. B. Prangnell, A. F. Norman, D. A. Price e S. W. Williams: *Sci. Technol. Weld. Join.*, 2003,**8**, 257-268.

10. Y. K. Yang, H. Dong e S. Kou: *Weld. J.*, 2008, **87**, 202s-211s

11. A. Gerlich, M. Yamamoto e T. H. North: *Sci. Technol. Weld. Join.*, 2007, **12**, 472-480.

12. J. H. Yan, M. A. Sutton e A. P. Reynolds: *Sci. Technol. Weld. Join.*, 2005, **10**, 725-736.

13. P. A. Colegrove, H. R. Shercliff e R. Zettler: *Sci. Technol. Weld. Join.*, 2007, **12**, 284-297.

14. A. Gerlich, P. Su e T. H. North: *Sci. Technol. Weld. Join.*, 2005, **10**, 647-652.

15. S. A. Khodir e T. Shibayanagi: *Mater. Trans.*, 2007, **48**, 2501-2505.

16. Y. S. Sato, S. H. C. Park, M. Michiuchi e H. Kokawa: *Scr. Mater.*, 2004, **50**, 1233-1236.

17. A. C. Somasekharan e L. E. Murr: *Mater. Charact.*, 2004, **52**, 49-64.

18. J. A. Wert: *Scr. Mater.*, 2003, **49**, 607-612.

19. C. M. Chen e R. Kovacevic: *Int. J. Mach. ToolsManuf.*, 2004, **44**, 1205-1214.

20. K. Kimapong e T. Watanabe: *Weld. J.,* 2004, **83**, 277S-282S.

21. H. Uzun, C. D. Donne, A. Argagnotto, T. Ghidini e C. Gambaro: *Mater. Design*, 2005, **26**, 41-46.

22. W. B. Lee e S. B. Jung: *Mater. Res. Innov.*, 2004, **8**, 93-96.

23. L. E. Murr, Y. Li, R. D. Flores, E. A. Trillo e J. C. McClure: *Mater. Res. Innov.*, 1998, **2**, 150-163.

24. L. E. Murr, R. D. Flores, O. V. Flores, J. C. McClure, G. Liu e D. Brown: *Mater. Res. Innov.*, 1998, **1**, 211-223.

25. L. E. Murr, Y. Li, E. A. Trillo, R. D. Flores e J. C. McClure: *J. Mater. Process. Manuf. Sci.*, 1999, **7**, 145-161.

26. Murr, LE; Liu, G; McClure, JC (1997). "Recristalização dinâmica na soldadura por fricção da liga de alumínio 1100". *Journal of Materials Science Letters* **16** (22): 1801 1803. doi:10.1023/A:1018556332357.

27. Krishnan, K. N. -On the Formation of Onion Rings in Friction Stir Welds" (Sobre a formação de anéis de cebola em soldas por fricção). Materials Science and Engineering A 327, no. 2 (30 de abril de 2002): 246-251. doi:10.1016/S0921-5093(01)01474-5.

28. Mahoney, M. W., C. G. Rhodes, J. G. Flintoff, W. H. Bingel e R. A. Spurling. -Propriedades do alumínio 7075 T651 soldado por fricção". Metallurgical and Materials Transactions A 29, no. 7 (julho de 1998): 1955-1964. doi:10.1007/s11661-998-0021-5

29. Vídeo: "FSW na British Aerospace". Twi.co.uk. Recuperado em 2012-01-03.

30. Prado, RA; Murr, LE; Shindo, DJ; Soto, HF (2001). "Desgaste da ferramenta na soldadura por fricção da liga de alumínio 6061+20% Al2O3: Um estudo preliminar". *Scripta Materialia* **45**: 75 80. doi:10.1016/S1359-6462(01)00994-0.

31. Nelson, T; Zhang, H; Haynes, T (2000). "Soldadura por fricção de Al MMC 6061-B4C". *2º Simpósio Internacional sobre FSW (CD ROM)*. Gotemburgo, Suécia.

32. Bhadeshia HKDH; DebRoy T (2009). "Avaliação crítica: soldadura por fricção de aços". *Ciência e Tecnologia da Soldadura e União* **14** (3): 193 196. doi:10.1179/136217109X421300.

33. Rai R; De A; Bhadeshia HKDH; DebRoy T (2011). "Revisão: ferramentas de soldadura por fricção". *Ciência e Tecnologia da Soldadura e União* **16** (4): 325 342. doi:10.1179/1362171811Y.0000000023.

34. http://www.sciencedirect.com/science/article/pii/S1359646207007701

35. Leonard, AJ (2000). "Microestrutura e comportamento de envelhecimento da FSW nas ligas de Al 2014A-T651 e 7075-T651". *2º Simpósio Internacional sobre FSW (CD ROM)*. Gotemburgo, Suécia.

36. Reynolds, AP (2000). "Visualização do fluxo de material em soldaduras autogéneas por fricção". *Ciência e tecnologia da soldadura e união* **5** (2): 120 124. doi:10.1179/136217100101538119.

37. Seidel, TU; Reynolds, AP (2001). "Visualização do fluxo de material em soldaduras por fricção AA2195 utilizando uma técnica de inserção de marcadores", *Metallurgical and Material Transactions* **32A** (11): 2879-2884.

38. Guerra, M.; Schmidt, C.; McClure, J.C.; Murr, L.E.; Nunes, A.C. (2003). "Padrões de fluxo durante a soldadura por fricção". *Caracterização de materiais* **49** (2): 95-101. doi:10.1016/S1044-5803(02)00362-5

39. Arora A.; Nandan R.; Reynolds A.P.; DebRoy T (2009). "Torque, necessidade de energia e geometria da zona de agitação na soldadura por fricção através de modelação e experiências". *Scripta Materialia* **60** (1): 13-16. doi:10.1016/j.scriptamat.2008.08.015.

40. Mehta M.; Arora A.; De A.; DebRoy T. (2011). "Geometria da ferramenta para soldadura por fricção - Diâmetro ótimo do ombro". *Transacções Metalúrgicas e de Materiais A* **42** (9): 2716. doi:10.1007/s 11661-011 -0672-5.

41. Nandan R.; Roy GG.; DebRoy T. (2011). "Simulação numérica de transferência de calor tridimensional e fluxo de plástico durante a soldadura por fricção", *Transacções Metalúrgicas e de Materiais A 37* (4): 1247-1259. doi:10.1007/s11661-006-1076-9

42. Frigaard, O.; Grong, O.; Midling, O. T. (2001). "Um modelo de processo para a soldadura por fricção de ligas de alumínio endurecidas por envelhecimento". *Transacções Metalúrgicas e de Materiais* **32A** (5): 11891200. doi:10.1007/s11661-001-0128-4.

43. Qi, X, Chao, Y J (1999). "Transferência de calor e análise termo-mecânica da junção FSW de placas 6061-T6". *1º Simpósio Internacional sobre FSW (CD ROM)*. Thousand Oaks, EUA: TWI.

44. A. D. Gingell e T. G. Gooch: 'Review of factors influencing porosity in aluminium arc welds', TWI members report no. 625/1997, TWI, Abington, UK, 1997.

45. M. F. Gittos e M. H. Scott: *TWI Bull*, 1987, **28**, 259-263.

46. http://www.twiglobal.com

47. Uzun, H; Donne, C; Argagnotto, A; (2005), -Friction stir welding of dissimilar Al 6013-T4 To X5CrNi18-10 stainless steel", *Materials and Design* 26; pp 541-46.

48. Esezobor, D.E; S. O. Adeosun (2006) ,-Improvement on the strength of 6063 aluminum alloy by means of solution heat treatment", *Materials Science and Technology* (MS&T), pp 645-652.

49. Barcellona et. al. (2006), -On the micro-structural phenomena occurring in friction stir welding

of aluminium alloys", *Journal of materials processing Technology*, Vol. 177, pp.340-343

50. Adamowski J. e Szkodo M; (2007)," Friction Stir Welds (FSW) of aluminium alloy AW6082-T6", *JAMME* ,Volume 20,Issues 1-2,January-February 2007

51. Scialpi A.; De Filippis L.A.C.; Cavaliere P.; (2007), "Influence of shoulder geometry on microstructure and mechanical properties of friction stir welded 6082 aluminium alloy", *Materials and Design,*Volume 28, Issue 4, 2007, Pages 1124-1129.

52. Kumar, K; Satish, V. K; (2008), -On the role of axial load and the effect of interface position on the tensile strength of a friction stir welded aluminium alloy", *Materials and Design 29*; pp791- 797.

53. Elangovan e Balasurbramanian (2008), -Influences of tool pin profile and welding speed on friction stir processing zone in AA2219 aluminium alloy", *Journal of material processing Technology*, Vol. 200, pp.163-175.

54. Cavaliere P, Campanile G, Panella F, Squillace A.(2008) , -Effect of welding parameters on mechanical and microstructural properties of AA6056 joints produced by Friction Stir Welding", *J. Mater. Sci. Technol.2008*; 200:364-72

55. Aydin, H; Bayram, A; Uguz, A; Kemal, A; (2009), -Tensile Properties of friction stir welded joints of 2024 aluminum alloys in different heat treated state", *Material and Design 30, pp2211- 2221*

56. Leitao, C; Emilio, B; Chaparro, B; M; Rodrigues, D;M; (2009), -Formability of similar and dissimilar friction stir welded AA 5182-H111 and AA 6016-T4 tailored blanks", *Materials and Design 30 ; pp 3235-3242.*

57. Mroczka, K. and Pietras , A. ;(2009), "FSW characterization of 6082 aluminium alloys sheets", *International Scientific Journal published monthly by the World Academy of Materials and Manufacturing Engineering,* Volume 40, Issue 2,December 2009.

58. Padmanaban G. e Balasubramanian V.; (2009), "Selection of FSW tool pin profile, shoulder diameter and material for joining AZ31B magnesium alloy - An experimental approach", *Materials and Design,* Volume 30, Issue 7, August 2009, Pages 2647-2656.

59. Weifeng et al. (2009*), "*Microstructure and mechanical properties of friction stir welded joints in 2219-T6 aluminium alloy", Vol. 30, pp.3460-3467.

60. Rodrigues et al. (2009), -Influência dos parâmetros de soldadura por fricção nas propriedades microestruturais e mecânicas das soldaduras finas de AA 6016-T4", Vol. 30, pp.1913-1921.

61. Ghosh M.; Kumar K.; (2010), "Optimization of friction stir welding parameters for dissimilar

aluminum", *Material and Design* 31, pp 3003-3037.

62. Shanmuga e Murugan (2010), -Tensile behavior of dissimilar friction stir welded joints of aluminium alloys", *Material and Design*, Vol. 31, pp.4184-4193.

63. Vidal C.; Infante V.; Vilaca P. ;(2010), -Assessment of Improvement Techniques Effect on Fatigue Behaviour of Friction Stir Welded Aerospace Aluminium Alloys", *Procedia Engineering* 2 (2010) 1605-1616

64. Ramulu. M.; Edwards P. D.; Sanders G.; Reynolds A. P.; Trapp T.; (2010), -Tensile properties of friction stir welded and friction stir welded-superplastically formed Ti-6Al-4V butt joints", *Materials and Design* 31, pp 3056-3061.

65. Bisadi H.; Tour M.; Tavakoli A.;   (2011), -A influência dos parâmetros do processo na Microstructure and Mechanical Properties of Friction Stir Welded Al 5083 Alloy Lap Joint", *American Journal of Materials Science*; 1(2),pp 93-97.

66. Lakshminarayanan A. K.; Malarvizhi S.; Balasubramanian V.; (2011), -Developing friction stir welding window for AA2219 aluminium alloy", *Transactions Of Nonferrous Materials Society Of China 21(201)2339-2347.*

67. Doos Q. M. e Wahab B. A.**;** (2012), "Estudo experimental da soldadura por fricção de tubos de alumínio 6061-T6", *IJMERR,* Vol. 1, No. 3, outubro de 2012.

68. Heidarzadeh et al. (2012). -Comportamento à tração de juntas de liga de alumínio AA 6061 soldadas por fricção", Vol. 37, pp.166-173

69. Palanivel et al. (2012), "Effect of tool rottional speed and pin profile on microstructure tensile strength of dissimilar friction stir welded AA5083-H111and AA6351-T6 aluminium alloys", Vol. 40, pp.07-16.

70. Agarwal P.; Prashanna Nageswaran S.; Arivazhagan, N; Devendranath Ramkumar, K; (2012), -Development of Friction Stir Welded Butt Joints of AA 6063 Aluminium Alloy and Pure Copper", *Conferência Internacional sobre Investigação Avançada em Engenharia Mecânica (*ICARME), pp 46-50.

71. Karthikeyan L.; Puviyarasan M.; Sharath Kumar S.; Balamugundan B.; (2012) - Estudos experimentais sobre a soldadura por fricção da liga de alumínio AA2011 e AA6063", *IJAET,* Vol.III Edição IV, pp 144-145.

72. Bilici, M. K. e Yukler, A. I. (2012), -Effects of welding parameters on friction stir spot welding of high density polyethylene sheets", *Material and Design 2012*; 33:545-50.

73. Koilraja M, Sundareswaran V, Vijayan S, KoteswaraRao S.R.; (2012), -Friction stir welding of dissimilar aluminum alloys AA2219 to AA5083 -Optimization of process parameters using Taguchi technique", *Materials and Design 42 (2012) 1-7.*

74. Gadakh V.S.; Adepu K.; (2013), - Heat generation model for taper cylindrical pin profile in FSW", *Journal of Materials Research and Technology* Volume 2, Issue 4, October-December 2013, Pages 370-375

75. Gandra J. ;Pereira D.; Miranda R.M.; Vilaça P.; (2013), -Influência dos Parâmetros de Processo na Superfície de Atrito de AA 6082-T6 sobre AA 2024-T3", *Procedia CIRP* Volume 7, 2013, Pages 341-346

76. Kumar et.al. (2013), -Influência do perfil do pino da ferramenta nas propriedades mecânicas da junta das ligas de alumínio 2014 e 6082, soldadas com soldadura por fricção", *Asian Review of Mechanical Engineering*, Vol.2, No.2, 2013.

77. Handa, A. e Chawla, V. (2013), - Friction Welding of AISI 304 And AISI 1021 Dissimilar Steels At 1600rpm ", *Asian Review ofMechanical Engineering*, Vol.2, No.2, 2013.

78. Singh et al. (2013), -Experimental Investigation of Mechanical Properties of Joints Fabricated by FSW Of Aluminum Alloys 5083 And 6063 With Round And Square Tool Pin Profiles", *International Conference on Advancements and Futuristic Trends in Mechanical and Materials Engineering* (3-6 de outubro de 2013)

79. Liu H.J.; Hou J.C.; Guo H.; (2013), "Effect of welding speed on microstructure and mechanical properties of self-reacting friction stir welded 6061-T6 aluminum alloy", *Materials and Design 50* (2013)872-878

80. Kokawa H., Sato Y.S., Mironov S., (2013), -Microstructure evolution of metallic materials during friction stir welding", *Actas do 1.º Simpósio Internacional Conjunto sobre União e Soldadura*, Osaka, Japão, 2013, Páginas 5-13

81. Casalino, G; Campanelli, S; Mortello, M; (2014), -Influência da geometria do ombro e do revestimento da ferramenta na soldadura por fricção de placas de liga de alumínio", *Materials and Design* 69, pp1541 - 1548.

82. Liu X; Lan S; Ni J; (2014), -Análise dos efeitos dos parâmetros do processo na soldadura por fricção de ligas de alumínio dissimilares em aço avançado de alta resistência", *Materials and Design 59 (2014) 50-62.*

83. Tao Y.; Zhang Z.; Ni D.R.; Wang D.; Xiao B.L.; Ma Z.Y. ;(2014), -Influência do parâmetro de soldadura nas propriedades mecânicas e no comportamento de fratura de juntas Al-Mg-Sc soldadas

por fricção", *Materials Science & Engineering A 612 (2014) 236-245.*

84. Padmanaban R.;Ratna Kishore V.; BalusamyV.; (2014), -Simulação numérica da distribuição da temperatura e do fluxo de material durante a soldadura por fricção de ligas de alumínio dissimilares," *Procedia* Engineering Volume 97, 2014, Pages 854-863"12th Global Congress on Manufacturing and Management" GCMM - 2014

85. *Avinash P.;Manikandan M.;Arivazhagan N.;Ramkumar K. D.; Narayanan S.;(2014), "Friction Stir Welded Butt Joints of AA2024 T3 and AA7075 T6 Aluminium Alloys",Procedia EngineeringVolume 75, 2014, Pages 98-102International Conference on Materials for Advanced Technologies (ICMAT2013),*

86. Maltin C. A.; Nolton L.J.; Scott J. L.; Toumpis A. I.; Galloway A. M.; (2014), -A potencial adaptação da tecnologia de soldadura por fricção com ombro estacionário ao aço", *Materials and Design* 64 (2014) 614-624

87. Cho Jae-Hyung; Kim W.J.; Lee C.G.; (2014), -Evolução da microestrutura e das propriedades mecânicas durante a soldadura por fricção de A5083 e A6082", *Procedia Engineering* 81 (2014) 2080 - 2085

88. Sadeesh P.; Venkatesh Kannan M.; Rajkumar V.; Avinash P.; Arivazhagan N.; Devendranath Ramkumar K.; Narayanan S.;(2014), -Studies on friction stir welding of AA 2024 and AA 6061 dissimilar Metals", *Procedia Engineering* 75 (2014) 14

Printed by Books on Demand GmbH, Norderstedt / Germany